世纪互联蓝云研究院丛书

精通Microsoft 365云计算管理 SharePoint Online篇

世纪互联蓝云公司　主　编
杨振强　马　俊　李雨航　编　著

电子工业出版社
Publishing House of Electronics Industry
北京·BEIJING

内 容 简 介

本书图文并茂并结合案例深入讲解了 Microsoft 365 的核心组件 SharePoint Online 的各个功能模块。内容包括 SharePoint Online 介绍、SharePoint 管理中心、SharePoint Online 网站、OneDrive for Business、SharePoint Online 工作流、移动应用、SharePoint Online 混合部署等。本书是蓝云工程师们多年的工作结晶，书中给出了很多 SharePoint Online 经典案例、常用的 PowerShell 命令和 Graph API 介绍等，这些均来自工程师们帮助用户解决问题中的宝贵经验积累。

本书主要适用于 Microsoft 365 专业管理人员、IT 技术人员、企业网络管理人员，也适合相关专业大专院校学生拓展云服务知识时学习参考。

未经许可，不得以任何方式复制或抄袭本书之部分或全部内容。
版权所有，侵权必究。

图书在版编目（CIP）数据

精通 Microsoft 365 云计算管理. SharePoint Online 篇 / 世纪互联蓝云公司主编；杨振强，马俊，李雨航编著. —北京：电子工业出版社，2022.4
（世纪互联蓝云研究院丛书）
ISBN 978-7-121-43263-7

Ⅰ.①精… Ⅱ.①世… ②杨… ③马… ④李… Ⅲ.①办公自动化－应用软件 Ⅳ.①TP317.1

中国版本图书馆 CIP 数据核字(2022)第 057077 号

责任编辑：张瑞喜
印　　刷：中国电影出版社印刷厂
装　　订：中国电影出版社印刷厂
出版发行：电子工业出版社
　　　　　北京市海淀区万寿路 173 信箱　邮编：100036
开　　本：787×1092　1/16　印张：22　字数：535 千字
版　　次：2022 年 4 月第 1 版
印　　次：2022 年 4 月第 1 次印刷
定　　价：70.00 元

凡所购买电子工业出版社图书有缺损问题，请向购买书店调换。若书店售缺，请与本社发行部联系，联系及邮购电话：（010）88254888，88258888。
质量投诉请发邮件至 zlts@phei.com.cn，盗版侵权举报请发邮件至 dbqq@phei.com.cn。
本书咨询联系方式：zhangruixi@phei.com.cn。

序　言

成立于2013年的上海蓝云网络科技有限公司（以下简称世纪互联蓝云）是世纪互联数据中心有限公司（以下简称世纪互联）旗下子公司，也是中国公有云服务市场的开拓者之一，由其运营的Microsoft Azure和Microsoft 365是较早进入中国的国际公有云产品。

世纪互联蓝云以"让云计算更聪明，让云服务更高效"为使命，积极致力于推动中国云计算生态系统的成熟与繁荣，并率先为中国用户……应用，助力海内外云服务商落地中国，同时推动中国云……发展，加速合作、多赢的云生态体系的发展和完善。

历经8年的发展，……户提供云服务方面打造了卓越的团队，构建了强大的能……今的蓝云拥有一支数百人的具备国际服务保障水准的云……包括IaaS、PaaS、SaaS在内的具有国际先进水准的全……企业客户，包括百余家全球财富500强的优质头部客户……的基于微软技术的Microsoft Azure、Microsoft 365、Dy……全方位云服务的同时，还积极致力于通过人工智能等……以帮助客户更好地释放出业务潜力与价值。

在国内运营……蓝云积累了强大的服务能力和丰富的经验。在不断提……蓝云积极参与行业建设，本着共享云运维经验和知识……断将其宝贵经验分享给业界，自2016年开始，世纪互……系列丛书，由蓝云专家技术团队编撰，已出版《Offic……soft Azure管理与开发（上册）基础设

施服务IaaS》、《Microsoft Azure管理与开发（下册）平台服务PaaS》《Microsoft Power BI智能大数据分析》《精通Office 365云计算管理Exchange Online篇》和《PowerShell for Office 365 应用实战》。这本《精通Microsoft 365云计算管理SharePoint Online篇》是蓝云研究院出版的第七本专业技术书籍，也是蓝云人持续积累的经验、服务、技术和专业实力的智慧结晶。旨在帮助更多的Microsoft 365技术人员，让日常管理变得高效。

Microsoft 365是由世纪互联运营的微软云服务产品之一，包括Office系列套件、电子邮件工具Exchange Online、共享协作工具SharePoint Online和即时通信工具Skype for Business Online等先进的企业级云服务产品，在各行业均有广泛的应用，成为现代IT技术人员不可或缺的好帮手。

SharePoint Online是Microsoft 365的核心组件之一，无须任何前期基础架构投资，即可使用SharePoint Online云服务轻松创建和管理以团队为中心和以项目为中心的站点，在站点内实现项目文档的集中存储与智能搜索、文档版本的集中管控、业务信息的安全分享、同一项目文档的多人协同编辑，以及流程审批管理等。借助Microsoft 365的云计算优势，用户能够以更高的效率在任何时间、任何地点、任何智能设备上通过网络随时随地开展工作，实现高效的协作，安全的内容管理，精准的数据洞察和有效的流程管理。

SharePoint Online可以帮助企业降低运维成本，提高工作效率，防止外部攻击，保证业务系统不间断运行，保证企业重要数据不丢失，为企业创收，为IT系统减负，提升企业的核心竞争力。具体表现在节约成本、无缝集成、轻松创建和管理协作站点、移动办公、文档协作、版本控制、智能搜索、流程审批、安全可靠等方面。

目前，从中国到全球，IT产业已由PC时代走向云服务时代。世纪互联蓝云作为首个将国际公有云落地中国的厂商，心怀为公之心，有更多的使命感和社会责任感。蓝云研究院依托世纪互联蓝云对云计算领域（IaaS、PaaS和SaaS）的运维服务技术积累，不仅是展现蓝云人技术实力的窗口，也是云计算行业交流的平台。未来，蓝云研究院还将不断推出云计算、AI等书籍、视频课程和技术文章，持续地为行业输出更多的价值，为中国新基建时代背景下大量的企业数字化转型和升级提供支撑，与蓝云服务团队一起助力客户发展，做客户最好的伙伴。

世纪互联蓝云CTO　汤　涛
2021年12月

前　　言

随着数字化信息技术的不断发展，越来越多的企业选择"上云"，希望通过云生产力工具打造属于自己的企业信息化平台，以实现随时随地地办公、高效协同地工作。SharePoint Online就是这样一款产品，它可以与Microsoft 365的其他组件进行完美结合，为企业打造一个协同办公的信息化平台，简化工作流程及内容管理，同时又能加强商业智能化，降低企业协同作业的沟通成本，提升企业的生产力，助力企业进行数字化转型。

本书重点介绍的SharePoint Online是一种基于云的服务，适用于各种规模的企业。任何企业都可以订阅Microsoft 365计划或独立的SharePoint Online服务，来实现共享和管理内容、知识和应用程序，加强团队合作、快速查找信息并在整个组织实现无缝协作。同时，SharePoint Online作为一个完整的企业协作应用平台，提供了企业级的网站管理、文档管理、工作流、项目管理、企业级搜索等一系列强大的功能。

企业在日常工作中经常会涉及跨部门协同、多人参与的业务场景。按照原来的方式，同一个文档需要反复发送、编辑和保存。SharePoint Online在移动办公、内容分享、协同工作等方面尽可能地满足企业需求。同一个文档可以同时多人查看、多人编辑，大大降低了沟通的时间成本，提高了办公效率。此外，SharePoint Online为企业提供了跨平台、跨设备、快捷方便的企业云存储空间。企业用户可以通过手机或平板电脑随时随地地查看、编辑和分享分档，高效便捷地进行操作，并实时地进行同步分享。

本书凝聚了蓝云技术工程师多年来积累的领先技术和实践经验，其中包含了大量的经典案例及常用PowerShell命令，符合企业用户的实际需求。这些经典案例和PowerShell命令可以帮助企业用户快速定位并解决实际问题。

本书共分为9章，图文并茂并结合案例深入讲解SharePoint Online的各个功能模块。第1章，主要介绍SharePoint和SharePoint Online的主要功能和特点；第2章，主要介绍SharePoint管理中心；第3章，重点讲解SharePoint网站；第4章，主要介绍OneDrive for Business；第5章，介绍SharePoint Online工作流；第6章，介绍OneDrive与SharePoint的移动应用；第7章，介绍SharePoint Online混合部署；第8章，是经典案例集锦；第9章，介绍常用PowerShell命令和Graph API。

本书是世纪互联蓝云技术工程师集体创作的结晶，主要作者和参与人员有杨振强、李雨航、马俊、陈亚群、王宏友、刘日东、李海京、贺静、韩鹏旭、王少锋、朱振华、叶海燕、李曼等。

由于编者水平有限，本书中难免会有疏漏和不足之处。我们真诚地恳请各位读者批评和指正，同时也希望与各位读者一起学习和交流。由于SharePoint Online涉及的功能非常繁多，而且随着Microsoft 365云产品的不断更新迭代，一些功能会被逐渐更新或者淘汰，所以本书无法涵盖SharePoint Online的全部功能。此外，当计算机所安装的操作系统、应用软件的版本不同时，操作界面、用词也会有所不同。因此，当您发现您的操作界面与书中呈现有所不同时，请您参考本书介绍的方法，并对照自己的操作界面做变通。如果您在学习过程中有任何疑惑，或者对本书有任何宝贵建议，欢迎发送邮件至feedback@oe.21vianet.com。

世纪互联蓝云Microsoft 365技术支持中心　韩鹏旭

2021年11月

关于本书

基本概念

在本书中，经常出现 "租户" "用户" "订阅"等词，这些词语在微软云系列（包括Microsoft Azure、Microsoft 365等）产品中，有特定的含义，请阅读时注意：

租户：租户是包含整个组织的Azure Active Directory（Azure AD）的实体。一个租户至少包含一个订阅和用户。

用户：用户是指与一个租户（所属的组织）关联的个人。用户是登录到Microsoft 365或Azure以创建、管理和使用资源的账户。

订阅：用户对于云产品的购买，是指购买一定期限的使用权，因此称为"订阅"。

示意图

为方便读者理解，书中给出了部分操作过程中的示意图。这些图片有可能与您看到的操作界面存在区别。产生区别的原因，一方面是由于Microsoft 365的服务处于不断更新的过程中；另一方面，操作界面的呈现效果与您系统使用的语言、版本都有关系。

例如，根据您的系统和语言环境，您看到的开始菜单也许是"开始"，也许是"Start"，对于这种情况，书中则使用中文"开始菜单"表述，不作分别描述。另外，个别图片因为原图为彩色图片而不够清晰，建议您在学习过程中参照本书的方法，对照您的操作界面进行实际操作。

"网站"和"站点"

"网站"和"站点"的英文统一为Site（复数为Sites）。出现两种说法，源于软件翻译时用词不够规范。例如在SharePoint管理中心的页面中，有时翻译成"网站"，有时翻译成"站点"，且两者同时存在。本书多数情况使用"网站"，但是为了保持与图片说明文字一致，有时也用"站点"，实际上两者的意义都是一样的。特此说明。

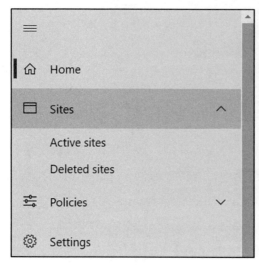
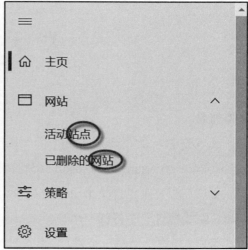

世纪互联蓝云与世纪互联蓝云研究院

　　世纪互联蓝云、世纪互联蓝云公司均为上海蓝云网络科技有限公司的简称，是世纪互联（纳斯达克：VNET）成立的全资子公司。由世纪互联蓝云工程师们组成的"世纪互联蓝云研究院"，致力于在云计算、云应用行业进行技术的推广和研究，并为读者提供更多云计算、云应用等领域新技术的应用技术图书。

目 录

第 1 章 SharePoint Online 介绍 ·· 1
1.1 SharePoint Online是什么 ··· 1
1.1.1 SharePoint简介 ·· 1
1.1.2 Microsoft 365 的组件 ··· 2
1.1.2 SharePoint Online简介 ··· 4
1.2 SharePoint Online为什么越来越受欢迎 ··· 4

第 2 章 SharePoint 管理中心 ·· 5
2.1 打开SharePoint管理中心 ·· 5
2.2 SharePoint管理中心 ··· 6
2.2.1 主页 ··· 6
2.2.2 网站 ··· 8
2.2.3 策略 ··· 16
2.2.4 设置 ··· 22
2.2.5 经典功能 ··· 26
2.2.6 数据迁移 ··· 45

第 3 章 SharePoint Online 网站 ··· 46
3.1 Office Online ·· 46
3.1.1 Office Online介绍 ·· 46
3.1.2 多人协作 ··· 47
3.1.3 Office Online限制 ·· 48
3.2 SharePoint Online应用程序 ·· 49
3.2.1 如何添加应用 ·· 50
3.2.2 列表 ··· 52
3.2.3 文档库 ·· 63
3.3 管理Web部件 ··· 68

3.3.1 插入Web部件 ... 69
3.3.2 编辑Web部件 ... 73
3.3.3 删除Web部件 ... 74
3.4 创建/删除网站 ... 74
3.4.1 如何创建不同类型的SharePoint Online网站 ... 74
3.4.2 如何删除网站 ... 81
3.5 权限与共享 ... 83
3.5.1 权限断开与继承 ... 83
3.5.2 权限级别 ... 84
3.5.3 SharePoint组 ... 86
3.5.4 共享的几种方式 ... 87

第4章 OneDrive for Business ... 92
4.1 OneDrive for Business站点介绍 ... 92
4.2 OneDrive站点的使用 ... 96
4.3 权限与共享 ... 97
4.4 Microsoft OneDrive客户端 ... 97
4.4.1 Microsoft OneDrive如何同步 ... 97
4.4.2 如何在Windows中使用Microsoft OneDrive ... 113
4.4.3 如何在MacOS中使用Microsoft OneDrive ... 131
4.4.4 重置Microsoft OneDrive ... 137
4.4.5 限制与阈值 ... 140
4.4.6 常见的Microsoft OneDrive同步报错和解决办法 ... 141

第5章 SharePoint Online 工作流 ... 146
5.1 SharePoint Online工作流概述 ... 146
5.1.1 什么是工作流 ... 146
5.1.2 工作流的优点 ... 147
5.1.3 SharePoint工作流2010和2013 ... 147
5.1.4 自定义工作流 ... 148
5.2 如何在SharePoint Online网站中 创建一个审批文件的工作流 ... 148
5.2.1 管理员创建文档审批库,并设置它需要进行内容审批 ... 148

5.2.2 普通用户登录该SharePoint站点，并创建需要审批的文档……151
5.2.3 管理员登录并查看用户文档的审批申请……153
5.2.4 管理员批准后，有权限的用户都可以查阅文档的状态……155
5.3 如何用SharePoint Designer创建工作流……155
5.3.1 SharePoint Designer中的工作流概述……155
5.3.2 创建SharePoint Online工作流的工具 SharePoint Designer……162
5.3.3 用SharePoint Designer创建工作流实例……167
5.4 SharePoint Online工作流开发工具Visual Studio介绍……214
5.5 SharePoint Online工作流排错……215
5.5.1 列表中添加工作流提示没有可用的工作流模板……215
5.5.2 工作流没有自动触发……216
5.5.3 SharePoint文档上传失败，报StoreBusyRetryLater错误……217
5.5.4 英文的SharePoint Designer工作流的条件和操作列表却显示中文……220

第6章 移动应用……222

6.1 OneDrive App……222
　6.1.1 OneDrive for Android……222
　6.1.2 OneDrive for iOS……229
6.2 SharePoint App……230
　6.2.1 SharePoint for Android……230
　6.2.2 SharePoint for iOS……234

第7章 SharePoint Online 混合部署……235

7.1 SharePoint Server的升级与更新……235
　7.1.1 SharePoint 2013的硬件和软件要求……235
　7.1.2 部署SharePoint 2013的软件更新……236
　7.1.3 软件更新策略……237
　7.1.4 更新后的测试与常见问题……237
7.2 规划OneDrive for Business混合部署……240
　7.2.1 启用OneDrive for Business混合部署的功能……240
　7.2.2 OneDrive for Business混合部署线路图……250
　7.2.3 配置Microsoft 365和SharePoint集成……251

7.2.4　设置SharePoint混合部署的服务 ·················· 252
　　7.2.5　更新SharePoint Server 2013 Service Pack 1 ·················· 262
　　7.2.6　配置OneDrive for Business混合部署 ·················· 262
7.3　配置云混合搜索功能 ·················· 268
　　7.3.1　准备工作 ·················· 268
　　7.3.2　创建云搜索服务应用程序（SSA） ·················· 269
　　7.3.3　将SSA连接到Microsoft 365租户 ·················· 271
　　7.3.4　创建要爬网的SSA内容源 ·················· 273
　　7.3.5　单独设置搜索中心，验证搜索结果 ·················· 277
　　7.3.6　启用云混合搜索 ·················· 279
　　7.3.7　确认云混合搜索正常工作 ·················· 281
　　7.3.8　调整云混合搜索 ·················· 282

第8章　经典案例集锦 ·················· 284

8.1　OneDrive同步图标不显示 ·················· 284
8.2　SharePoint管理员限制用户对个人属性的修改 ·················· 287
8.3　SharePoint列表中常用公式的示例方法 ·················· 289
8.4　如何把Office文档嵌入SharePoint首页 ·················· 290
8.5　删除用户后，OneDrive会向上级领导发送邮件，如何禁止 ·················· 294
8.6　如何为SharePoint文档库设置主要筛选器 ·················· 296
8.7　如何设置SharePoint文件夹/文件外部共享 ·················· 301
8.8　SharePoint如何添加术语库至列表或库 ·················· 305
8.9　在SharePoint中调整自定义列表的视图显示顺序 ·················· 307
8.10　在网站设置中开启站点的关闭与删除 ·················· 310
8.11　如何在OneDrive中清除缓存和注册表信息 ·················· 312
8.12　私人网站集、团队网站共享设置 ·················· 313
8.13　如何恢复SharePoint Online　文档库中文件的早期版本 ·················· 316
8.14　如何更改SharePoint网站集的母版页 ·················· 319

第9章　PowerShell 命令和 Graph API 介绍 ·················· 322

9.1　常用的PowerShell命令 ·················· 322
　　9.1.1　默认PowerShell命令建立，到SharePoint Online的连接 ·················· 322

9.1.2 如何添加一个管理员到一个SharePoint Online站点 ………………………… 324
9.1.3 如何添加一个用户到一个SharePoint Online组 ………………………… 324
9.1.4 如何升级OneDrive空间从1TB到5TB ………………………… 325
9.1.5 如何限制OneDrive同步文件的类型 ………………………… 325
9.1.6 如何还原Microsoft 365团队网站 ………………………… 326
9.1.7 支持同步OneDrive文件中含有#或者% ………………………… 326
9.1.8 如何批量添加一个管理员到所有用户的OneDrive站点 ………………………… 326
9.1.9 如何使用SharePoint PnP命令恢复用户删除的文件 ………………………… 327
9.1.10 如何使用PnP查询网站集下的所有子网站 ………………………… 327
9.2 Graph API介绍 ………………………… 328
9.2.1 Microsoft Graph介绍 ………………………… 328
9.2.2 Microsoft Graph API的使用 ………………………… 329
9.2.3 Microsoft Graph API获取权限流程 ………………………… 331

第1章 SharePoint Online 介绍

1.1 SharePoint Online 是什么

1.1.1 SharePoint 简介

1.1.1.1 什么是 SharePoint

简单地说，SharePoint 就是用来构建门户网站的工具，是企业协作平台的解决方案。
- SharePoint 可以被看作是应用程序的工具集；
- SharePoint 可以被看作是企业信息的门户；
- SharePoint 可以作为企业内容的管理应用，包括文档管理、记录管理等；
- SharePoint 是数据的存储中心，通过列表来存储各种数据；
- SharePoint 支持丰富的客户端图形界面定制，通过浏览器自定义页面进行设置。

1.1.1.2 SharePoint 的功能

SharePoint 可以帮助企业用户轻松完成日常工作中的诸如文件审批、表单申请等业务流程，同时提供多种接口以实现后台业务系统的连通。
- 文档管理；
- 团队协作；
- 共享和发布信息；
- 企业搜索；
- 处理业务流程。

1.1.1.3 SharePoint 的特点

- **统一的信息访问渠道**：通过将内部和外部各种相对分散独立的信息组成一个统一的整体，使用户能够从统一的渠道访问其所需的信息，从而实现优化企业运作和提高生产力的目的。
- **不间断的服务**：通过网络和客户端使用户在任何时间、任何地点都可以访问企业的信息和应用，保证企业的业务运转永不停顿，将网络经营的优势发挥到极致。
- **强大的内容管理能力**：对企业各种类型信息的处理能力，支持几乎各种结构化和非结构化的数据，能识别多种关系型和 OLAP 数据库中的数据，并可以搜索和处理各种格式的文档。
- **个性化的应用服务**：信息门户的数据和应用可以根据每一个人的要求来设置和提供，定制个性化的应用门户，提高员工的工作效率，增强对客户的亲和力和吸引力。
- **与现有系统的集成**：能将企业现有的数据和应用无缝地集成到一起，无须重新开发，保护原有的投资。
- **高度的可扩展性**：能适应企业新的人员和部门的调整的变化，满足企业业务调整和扩展的需求，解决企业与 IT 部门在短时间内无法解决的技术需求问题。
- **安全可靠的保障**：通过安全机制保证数据的机密性及完整性，保障企业业务数据的安全。

1.1.1.4　SharePoint 的优势

- 提供简单、熟悉、一致的用户体验；
- 通过简化日常的业务活动来提高员工生产力；
- 全面掌控内容，满足常规管理需求；
- 有效管理和重新规划内容，获取更大的商业价值；
- 简化在组织内访问不同系统上的信息的过程；
- 将人员与信息及专业技术连接起来；
- 加强企业之间的共享业务流程；
- 保证业务数据的安全，避免敏感信息的泄露；
- 集中管理重要的业务信息，为有效决策提供更好的支持；
- 提供了一个集成平台来管理整个企业内的 Intranet、Extranet 和 Internet 应用程序。

1.1.2　Microsoft 365 的组件

Microsoft 365 是微软新一代的云计算产品，其包括微软 Office 套件，Word、Excel、PowerPoint、OneNote 和 Outlook 等，并结合了 SharePoint Online、Exchange Online、Skype for Business 和 Shared Services 等行业领先的企业通信和协同协作服务。

Microsoft 365 有多个组件，如图 1-1 所示。本书重点介绍的，是其中的 SharePoint Online。

图1-1

SharePoint Online 是一种基于云的服务，其实用于各种规模的企业。任何企业都可以订阅Microsoft 365 计划或独立的SharePoint Online 服务，而不用在本地安装和部署SharePoint Server。企业的员工可以创建网站、与同事、合作伙伴和客户共享文档和信息。SharePoint Online 功能强大，用户可以在其中执行许多操作。

Exchange Online 是由基于Microsoft Exchange Server功能的云服务提供的托管消息传递解决方案。它支持用户从电脑、Web和移动设备上访问电子邮件、日历、联系人和任务。它与Active Directory全面集成，支持管理员使用组策略以及其他管理工具来管理整个环境中的Exchange Online功能。

Skype for Business 是一种强大的即时聊天工具。使用Skype for Business与朋友和家人保持联系，功能强大而易用，可以轻松查找和联系同事。您可以使用已有的设备，通过安全的企业级IT管理平台联系企业。如果您是从Lync转移到Skype for Business，您将找到您已在使用的所有功能，同时可通过全新的界面使用简化的空间和一些出色的新增功能。

1.1.2　SharePoint Online 简介

SharePoint Online是一项基于云的服务，可帮助组织共享和管理内容、知识和应用程序，具有以下特点。

- 使团队协作更加强大。
- 快速查找信息。
- 跨组织无缝协作。

在深入构建和配置组织SharePoint Online环境之前，应考虑一些问题。例如，如何管理工作组网站以进行协作，以及如何进行通知和共享内容的查看（通信网站）等。

1．设置 SharePoint Online 环境

谁将执行此功能？

——Microsoft 365中的全局管理员和SharePoint Online管理员。

2．组织网站内容和规划内容功能

谁将执行此功能？

——组织中的网站管理员、网站所有者和关键内容利益干系人。

3．使用解决方案和应用程序自定义网站

谁将执行此功能？

——SharePoint管理员、网站所有者、解决方案开发人员。

在开始了解SharePoint之前，您可以先在微软官方网站上搜索"Microsoft 365"和"SharePoint"，对SharePoint有所了解。

1.2　SharePoint Online 为什么越来越受欢迎

SharePoint Online可以满足不同规模用户的需求。事实上，如果您是一个创业者，您可以只购买一个许可证。SharePoint Online可以让用户更专注于实际的业务问题，而不需要去关注基础设施的建设。SharePoint Online等云解决方案如此受欢迎的原因，是它们降低了复杂性，并在SharePoint平台上提供了稳定的服务。

第 2 章　SharePoint 管理中心

2.1　打开 SharePoint 管理中心

管理员需要进入SharePoint管理中心对SharePoint服务进行全局设置。执行下面的步骤进入SharePoint管理中心。

以SharePoint管理员身份登录https://login.partner.microsoftonline.cn之后，在打开的页面中单击"管理"按钮，如图2-1所示。

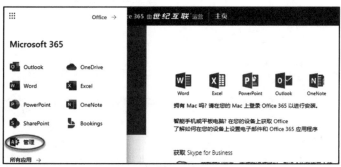

图 2-1

在打开的页面左侧选择"管理中心"|"SharePoint"，如图2-2所示。

图 2-2

进入SharePoint管理中心的主页，如图2-3所示。

图 2-3

2.2 SharePoint 管理中心

2.2.1 主页

SharePoint管理中心主页展示的是SharePoint报告、消息中心和服务运行状况。

1．SharePoint 报告

SharePoint报告包括文件活动和网站使用情况两个部分，分别展示了过去30天内每天具有特定类型的活动的文件数和过去30天内每天的网站总数和活跃网站数，如图2-4所示（文件活动类型包括查看、编辑、同步、共享，如果某个活动一天内在同一文件中发生多次，则只计为一次；活跃网站是用户查看过页面，或者进行过查看、修改、上传、下载、共享、同步文件等操作的站点）。

图 2-4

单击页面上的"详细信息"按钮，可以查看更多信息，如按网站或用户排列的活动报表、网站使用情况等，如图2-5和图2-6所示。

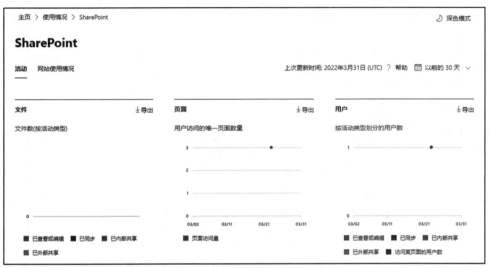

图 2-5

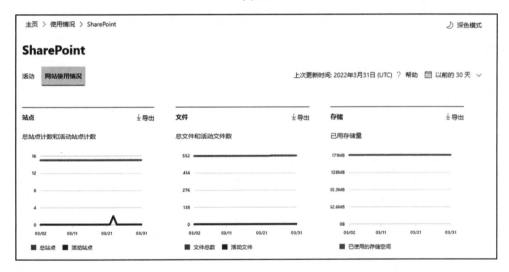

图 2-6

注意：

报告通常不包含过去 24~48 小时的活动数据。

2. 消息中心

在管理中心主页左侧选择"运行状况"|"消息中心"，在右侧的页面中可以阅读有关SharePoint更新的官方公告，如图2-7所示。

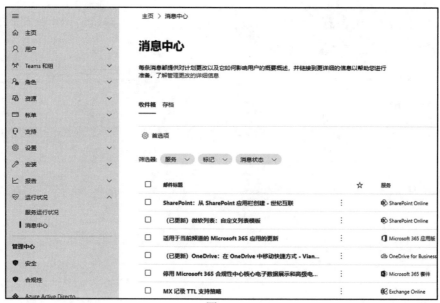

图 2-7

3. 服务运行状况

在管理中心主页左侧选择"运行状况"|"服务运行状况",在右侧的页面中就可以查看 SharePoint Online 服务是否正常运行,或者是否遇到事件,如图 2-8 所示。

图 2-8

2.2.2 网站

在管理中心主页左侧选择"网站"|"活动站点",在右侧的页面中可以查看组织中的 SharePoint 网站(包括通信网站和 Microsoft 365 组网站),可以对网站进行排序、筛选、搜索及创建操作。"活动站点"页面列出了每个网站集的根网站,子网站不包含在列表中,如图

2-9所示。

图 2-9

1．创建网站

在图2-9的右侧页面中单击"创建"按钮，在弹出的页面中可以选择创建团队网站（它将创建Microsoft 365组）或创建通信网站。若要创建经典网站或不包含Microsoft 365组的团队网站，单击下方的"其他选项"链接，如图2-10所示。

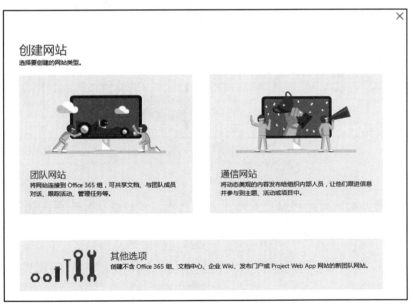

图 2-10

2．删除或还原网站

（1）删除网站。在"活动站点"页面的"站点名称"左侧，选择网站名称（如Finance），然后单击"删除"按钮，如图2-11所示。

图 2-11

在弹出的对话框中再次单击"删除"按钮，确认删除网站，如图2-12所示。

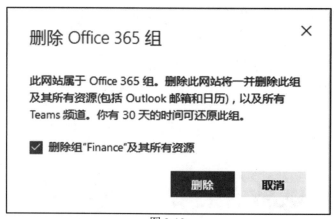

图 2-12

注意：

在删除网站的同时，网站所在的组也被删除。可以在 93 天内恢复已删除的网站，但是已删除的组只能在 30 天内恢复。

（2）还原网站。可以在已删除的网站列表中选中一个网站，单击"还原"按钮，如图2-13所示。

图 2-13

3．添加或删除所有者

选择一个站点名称（例如21vtest），打开"所有者"下拉菜单。对于Microsoft 365组连接的团队网站，可以更改组所有者（如添加和删除）。对于其他网站，可以更改主要管理员和更改管理员，如图2-14和图2-15所示。

图 2-14

图 2-15

注意：

如果将某个人作为主要管理员删除，这个人仍将作为一个额外的管理员被列出。

4. 更改网站的中心网站关联

选择一个站点名称（例如21vtest），打开"中心网站"下拉菜单。该菜单显示的选项取决于您所选的网站是注册为中心网站还是与中心网站关联，如图2-16所示。

图 2-16

5. 更改网站的外部共享设置

选择一个站点名称（例如"行政部门"），然后单击"共享"按钮，就可以更改外部共享的选项了，如图2-17所示。

图 2-17

6. 查看网站详细信息

选择红圈标示的网站名称（例如21vtest），在页面右侧打开网站的详细信息，如图2-18所示。

图 2-18

详细信息主要包括：

- 域；
- URL；
- 模板；
- 中心关联（是否与中心网站进行了关联）；
- 已连接到 Microsoft 365 组；
- 组所有者；
- 说明；
- 外部共享。

7．对网站列表进行排序和筛选

单击列标题旁边的箭头，选择项目的排列方式。这些选项根据列的不同而不同。例如，可以按字母顺序或时间顺序对选项进行排序。

如果列允许筛选，将看到筛选依据的选项，如图2-19所示。

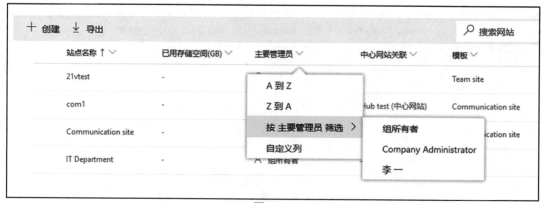

图 2-19

8．搜索网站

在红圈标示的搜索框中输入关键字，然后按Enter键，可以按站点名称、URL、主要管理员或模板搜索网站，如图2-20所示。

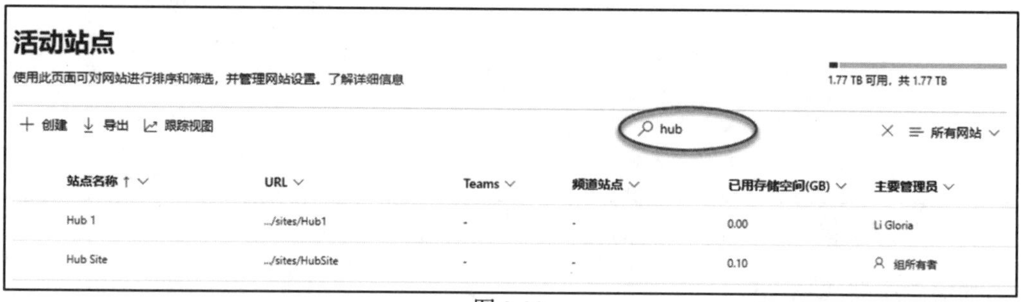

图 2-20

9．导出到 CSV

单击"导出"按钮，可以将所有网站的列表导出为可在Excel中打开的.csv文件，如图2-21所示。

10．自定义列

单击任意列标题旁边的箭头，例如"站点名称"右侧的向下倒三角，在弹出的窗口中实现列的重新排列，如图2-22所示。

11．切换视图和创建自定义视图

SharePoint管理中心附带了几个内置视图，如Office 365组网站、不包含组的网站、大型网站、最不活跃的网站、最热门的共享网站等。您还可以创建和保存自定义视图，如图2-23所示。

图 2-21

图 2-22

图 2-23

2.2.3 策略

2.2.3.1 共享

可以在"共享"页面更改SharePoint和OneDrive中组织级别的共享设置。

1. 外部共享

外部共享的选项有四种，如图2-24所示。

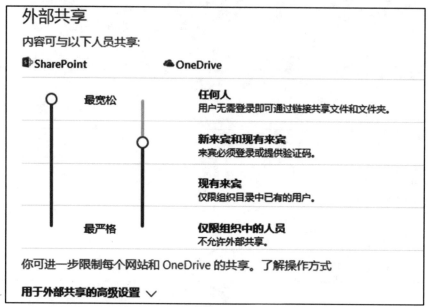

图 2-24

外部共享的四种选项的含义如表2-1所示。

表 2-1

选项内容	详细内容
任何人	允许用户使用链接共享文件和文件夹，该链接允许任何拥有该链接的人匿名访问这些文件或文件夹。此设置还允许用户与经过身份验证的新来宾和现有来宾共享网站
新来宾和现有来宾	要求已收到邀请的人员使用其工作或学校账户（如果其组织使用 Microsoft 365）或 Microsoft 账户登录，或者提供验证其身份的代码。用户可以与组织目录中已有的来宾共享，并且可以向登录时将添加到目录的人员发送邀请。内容查看邀请只能兑换一次。其他人无法共享或使用邀请来获取访问权限
现有来宾	仅与目录中已有的来宾共享。这些来宾可能存在于您的目录中，因为它们之前已接受共享邀请，或者因为它们是手动添加的
仅限组织中的人员	禁用外部共享

注意：

如果您为组织关闭外部共享并稍后重新打开，之前有权访问的来宾将重新获得该共享。如果您知道之前已开启并使用特定网站的外部共享，并且不希望来宾重新获得访问权限，请先关闭这些特定网站的外部共享。

如果您限制或关闭外部共享，则来宾通常会在更改后的一小时内失去访问权限。

用于外部共享的高级设置，如图2-25所示。

图 2-25

注：图中"帐户"的正确写法应为"账户"。

- 限制外部共享（按域）

该设置会影响所有SharePoint站点和每个用户的OneDrive站点。若要使用此设置，在"添加域"文本框中使用domain.com格式列出域（最多1000个）；若要列出多个域，在添加每个域后按"确定"按钮，如图2-26所示。

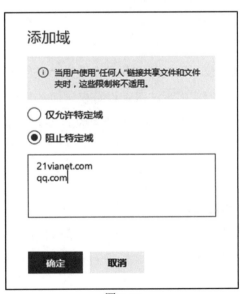

图 2-26

您还可以通过使用PowerShell命令Set-SPOTenant -SharingDomainRestrictionMode 和 -SharingAllowedDomainList或-SharingBlockedDomainList按域限制外部共享。

- 来宾必须使用收到共享邀请的同一账户登录。

默认情况下，来宾可以在一个账户收到邀请，但使用其他账户登录。选择该选项，来宾接受邀请后，不能使用其他账户登录使用。

- 允许来宾共享不属于他们的项目。

默认情况下，来宾必须对项目有完全控制权限才能对其进行外部共享。

2．文件和文件夹链接

在此选择用户在SharePoint和OneDrive中共享文件和文件夹时默认的链接类型。此设置指定组织的默认设置，但网站所有者可以为网站选择其他默认链接类型，如图2-27所示。

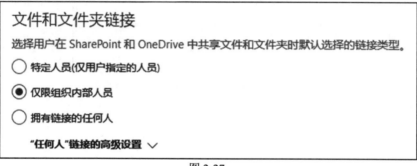

图 2-27

- 特定人员：此选项允许用户输入外部电子邮件地址。这是给外部共享敏感信息的最佳选项，因为它需要收件人先验证其身份，然后才能访问文件。
- 仅限组织内部人员：如果转发链接，组织中的任何人都可以使用这些链接。此选项最适合组织在内部广泛共享且不在外部共享。
- 拥有该链接的任何人：仅当您的外部共享设置为"任何人"时，此选项才可用。转发的链接在内部或外部均可用，但您将无法跟踪谁有权访问共享项目或谁访问过共享项目。如果SharePoint和OneDrive站点中要被共享的文件夹和文件不含机密内容的话，则推荐这种共享类型。

注意：

如果您选中"拥有该链接的任何人"，但网站或OneDrive设置为仅允许与登录或提供验证码的来宾共享，则默认链接将为"仅限组织内部人员"。用户需要将链接类型更改为"特定人员"，以在网站或OneDrive中与外部共享文件和文件夹。

在此对"任何人"链接进行进一步设置，如图2-28所示。

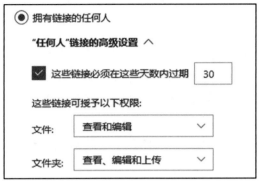

图 2-28

链接到期：可以设置"任何人"链接到期，并指定允许的最大天数。

链接权限：可以限制"任何人"链接权限，设置只能对文件或文件夹进行查看或者编辑。

3．其他设置

在此进行其他设置，如图2-29所示。

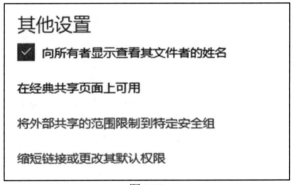

图 2-29

向所有者显示查看其文件者的姓名：通过此设置，可以控制共享文件的所有者能否在OneDrive文件访问统计信息中看到谁查看了该文件。统计信息包括文件的查看次数、查看人数，以及文件查看者列表。但是目前查看数据在由世纪互联运营的中国版Microsoft 365中不可用。

注意：

此设置默认处于选中状态。如果您取消选中它，文件查看者信息仍会得到记录，并可供您以管理员身份进行审核。OneDrive 所有者也可以使用 Office Online 或 Office 桌面应用，了解谁查看过被共享出去的 Office 文件。

"在经典共享页面上可用"选项下包含两个选项。

将外部共享的范围限制到特定安全组：仅允许特定安全组中的用户在外部共享。

缩短链接或更改其默认权限：可以设置默认链接权限为查看或编辑，如图2-30所示。

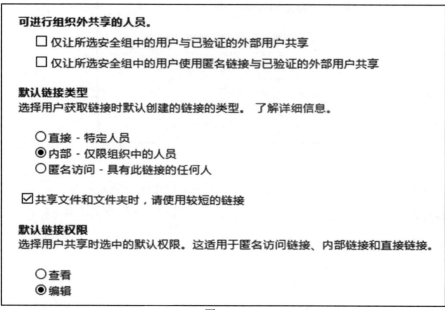

图 2-30

2.2.3.2 访问控制

使用如下设置来限制是否允许用户访问SharePoint和OneDrive中的内容，如图2-31所示。

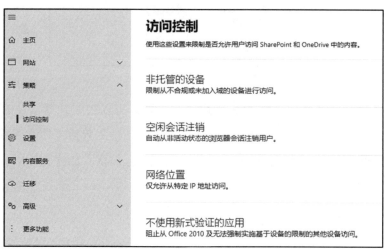

图 2-31

1．非托管的设备

此设置限制从不合规或未加入域的设备进行访问，但是需要有"企业移动性+安全性"的订阅才可使用。

2. 空闲会话注销

开启以下页面中的"自动注销处于非活动状态的用户"开关,可以从非活动状态的浏览器会话中自动注销用户,如图2-32所示。

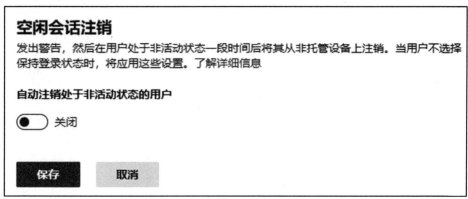

图 2-32

3. 网络位置

如下设置仅允许从添加进去的公网IP地址或地址段进行访问,如图2-33所示。

图 2-33

4. 不使用新式验证的应用

某些第三方应用和早期版本的Office无法强制实施基于设备的限制,使用此设置将阻止从这些应用进行的所有访问。设置方法如图2-34所示。

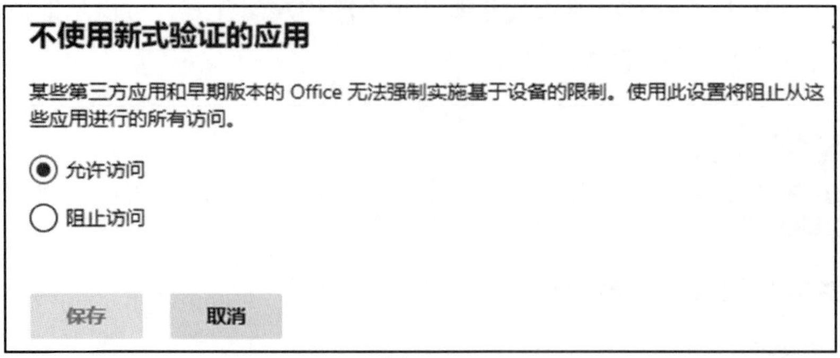

图 2-34

2.2.4 设置

此处可以设置用户能使用的其他功能，如图2-35所示。

图 2-35

1．通知

允许用户获得有关文件活动和新闻的设备通知，如图2-36所示。

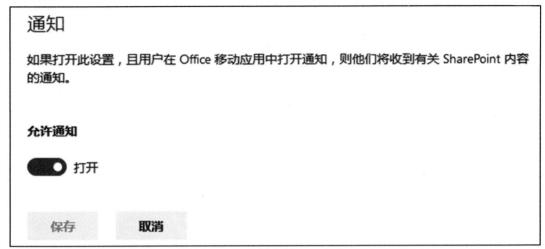

图 2-36

2. 站点存储限制

可以设置自动或者手动管理站点的存储空间，如图2-37所示。

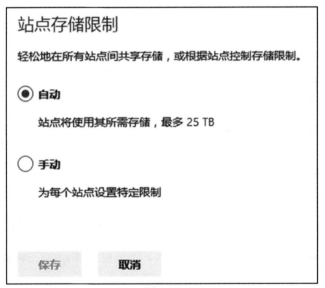

图 2-37

设置手动管理站点存储空间之后，可以在活动站点页面修改站点存储空间上限，如图2-38所示。

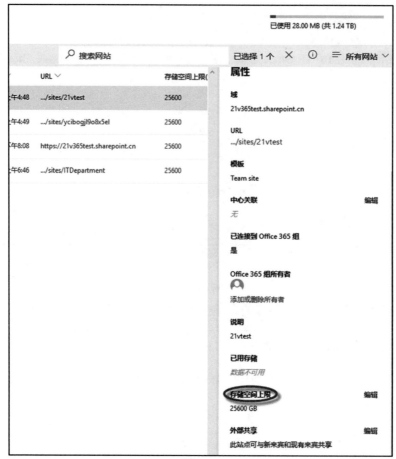

图 2-38

3. 默认管理体验

打开新版SharePoint管理中心，可以在其中选择默认选项，如图2-39所示。

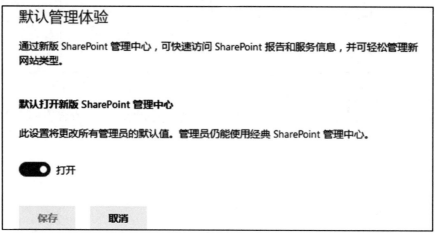

图 2-39

第 2 章 SharePoint 管理中心

4．网站创建

可以控制用户创建新网站时的默认设置，如图2-40所示。

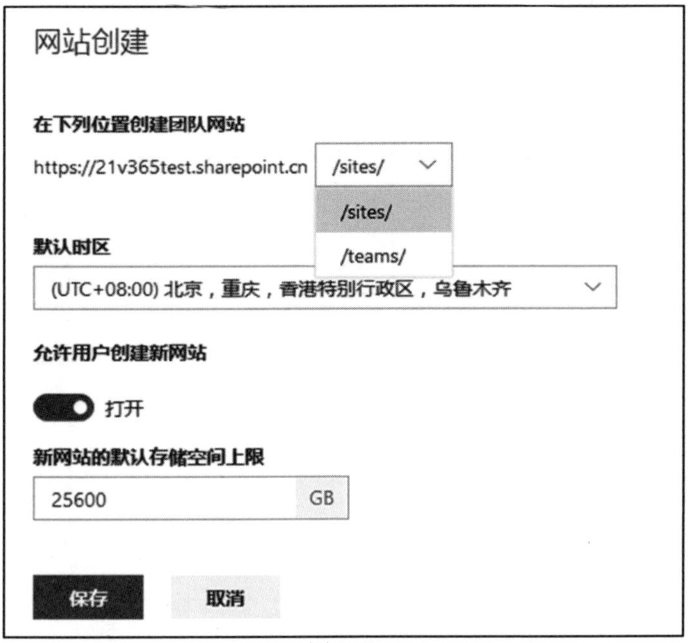

图 2-40

5．经典设置页面

如果有的设置在新版管理中心中找不到，可以在"设置"页面单击"经典设置页面"按钮，进入经典SharePoint管理中心的设置页面，如图2-41和图2-42所示。

图 2-41

· 25 ·

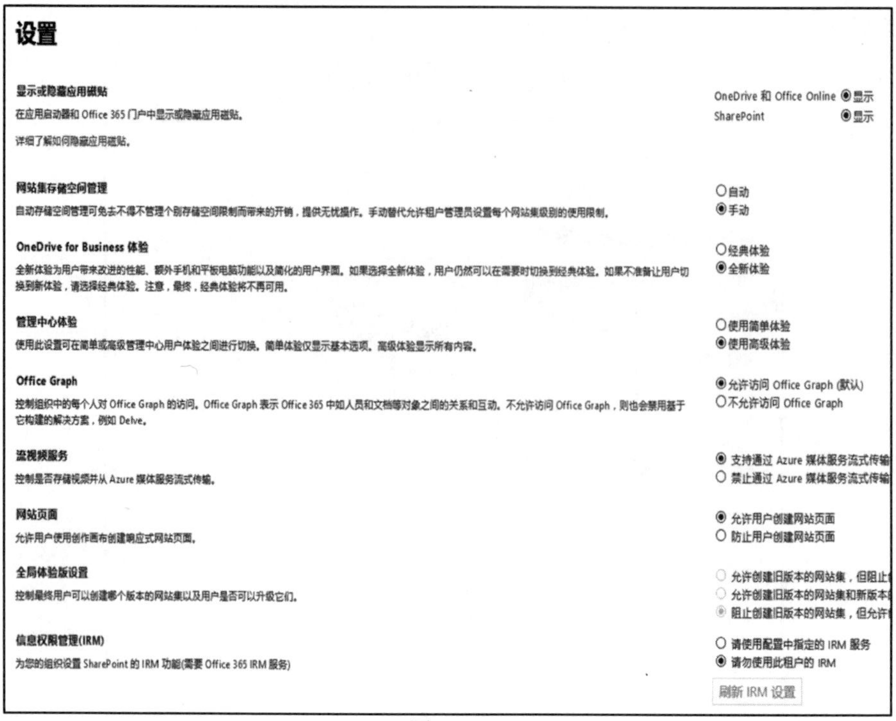

图 2-42

2.2.5 经典功能

可以在"经典功能"页面看到经典 SharePoint 管理中心的其他功能,如图 2-43 所示。

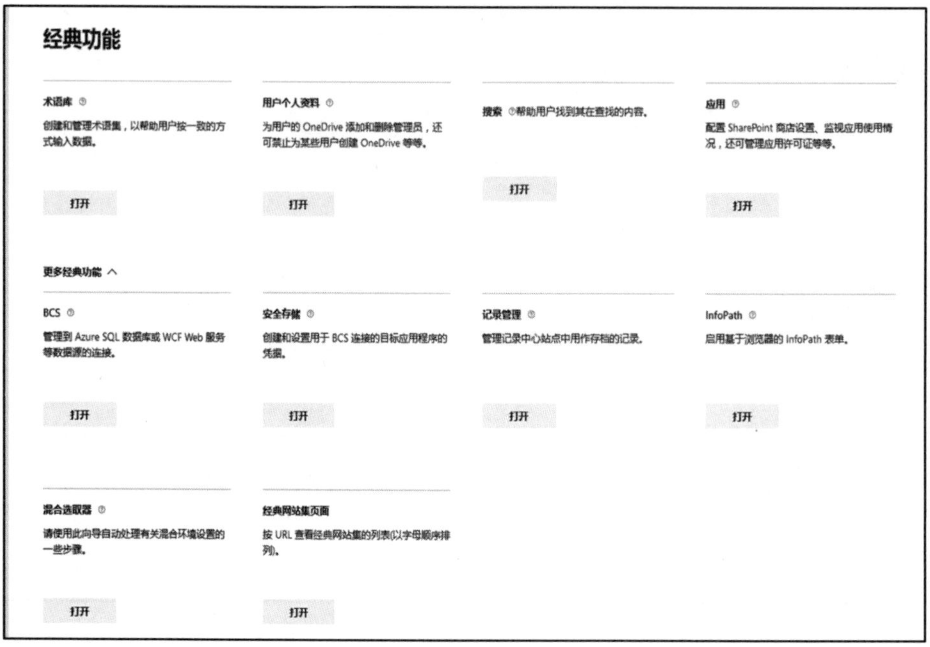

图 2-43

1. 术语库

可以在"术语库"页面中创建和管理术语集,如图2-44所示。

图 2-44

先把自己添加为术语库管理员,然后单击"保存"按钮,如图2-45所示。

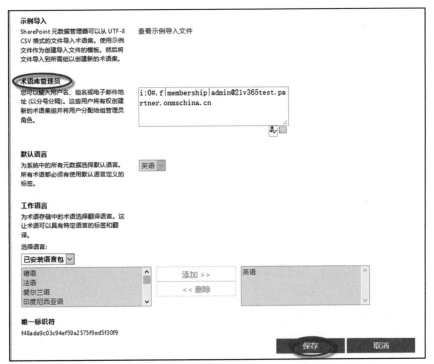

图 2-45

- 为术语集设置一个新组

打开术语库管理工具，在树视图窗格中，选择一个分类，将鼠标指向该分类，然后选择"新建组"，如图2-46所示。

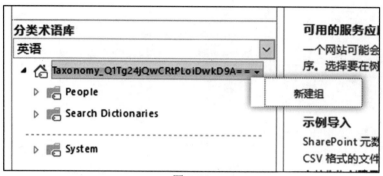

图 2-46

输入新组的名称（例如new group），然后按Enetr键。参照图2-47所示，输入组名等信息，之后单击"保存"按钮。

图 2-47

如果需要删除组，将鼠标指向该组，然后选择"删除组"。

- 创建和管理术语

若要在术语库管理工具中创建和管理术语，您必须是参与者、组管理员或术语库管理员。

打开术语库管理工具，在树视图窗格中，展开组以查找要向其添加术语的术语集。将鼠标指向要在其中添加术语的术语集，然后选择"创建术语"，如图2-48所示。

第 2 章　SharePoint 管理中心

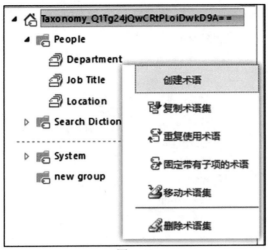

图 2-48

在树视图中，输入要用作新创建术语的默认标签的名称，参照图2-49所示。

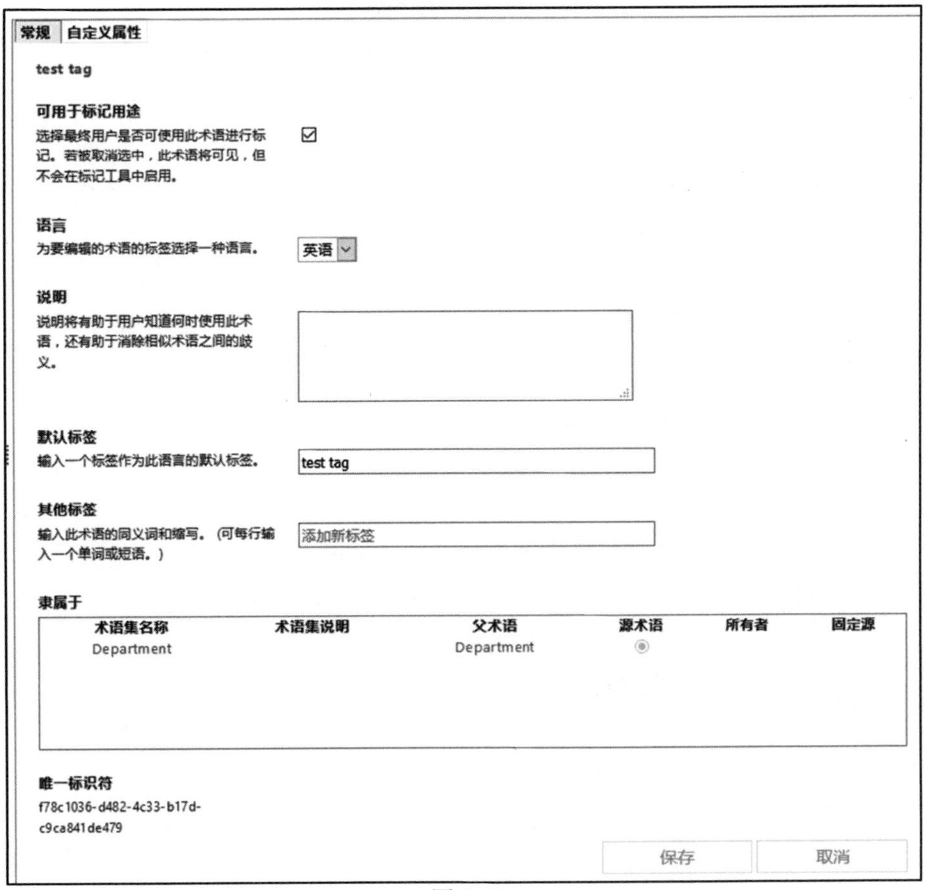

图 2-49

针对术语，有复制术语、重复使用术语、固定带有子项的术语等操作，如图2-50所示。

· 29 ·

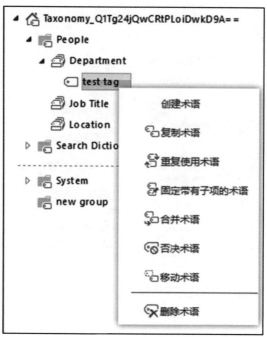

图 2-50

- 设置新术语集

在树视图导航窗格中，展开组以查找要向其中添加术语集的组。将鼠标指向该组，然后选择"新建术语集"，如图2-51所示。

图 2-51

在树视图中，输入要用作新创建术语中术语默认标签的名称，参照图2-52所示。

图 2-52

2．用户个人资料

大多数组织无须更改SharePoint管理中心中的任何用户配置文件设置。下面我们介绍一些最常用的功能，如图2-53所示。

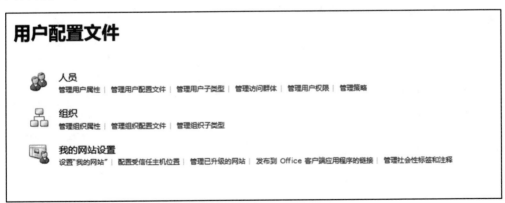

图 2-53

- 管理用户属性

在管理用户属性的页面，可以添加用户配置文件的属性、编辑或删除已添加的属性，如图2-54所示。

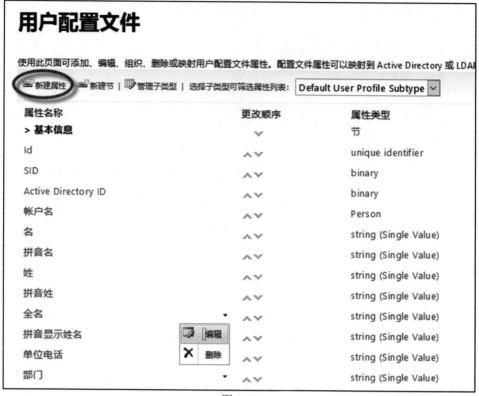

图 2-54

- 管理用户配置文件

在管理用户配置文件的页面,可以输入用户的UPN或者显示名称,搜索用户的配置文件,如图2-55所示。

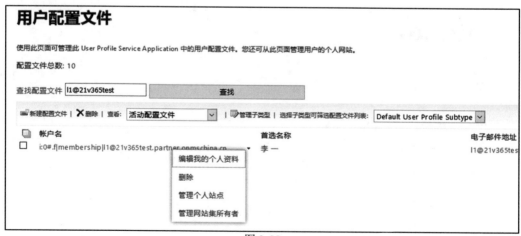

图 2-55

选择图2-55中的"编辑我的个人资料",在打开的页面中可以查看、编辑用户的个人信息,如图2-56所示。

图 2-56

选择图2-55中的"管理网站集所有者",在打开的页面中可以为OneDrive添加和删除管理员,如图2-57所示。

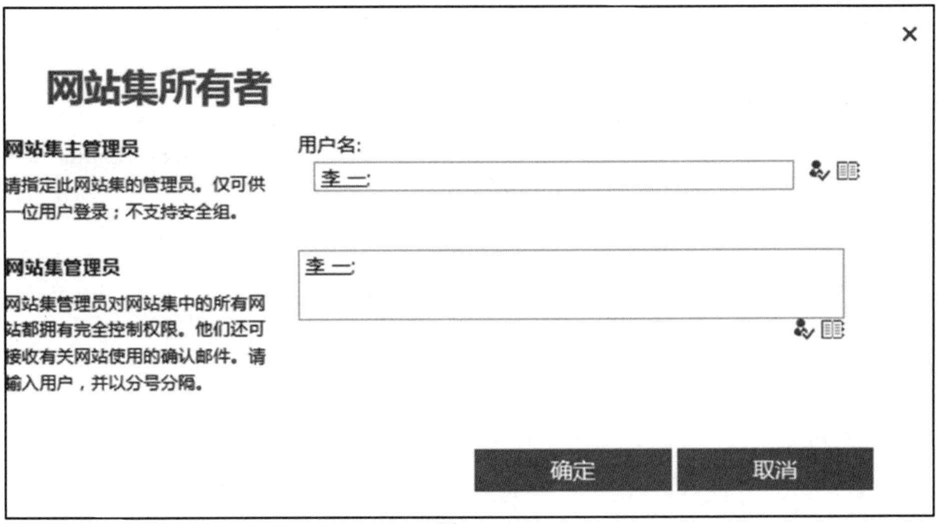

图 2-57

添加自己为用户的OneDrive站点的管理员之后,选择图2-55中的"管理个人站点",可以进入用户的OneDrive站点。

- 管理用户权限

在管理用户权限的页面，可以为某些用户禁用OneDrive站点创建。在默认情况下，除外部用户外的任何人都有权创建个人网站。删除该组并添加特定组，以仅允许许可用户的子集创建OneDrive站点，如图2-58和图2-59所示。

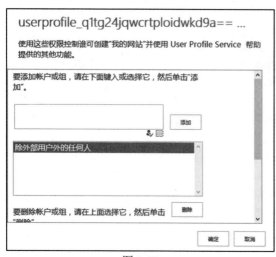 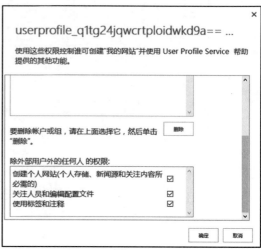

图 2-58　　　　　　　　　　　　　　图 2-59

3. 搜索

（1）管理搜索架构。

搜索架构可控制用户可以搜索的内容，以及在搜索网站上显示结果的方式。通过更改搜索架构，可以自定义SharePoint Online中的搜索体验，如图2-60所示。

图 2-60

（2）管理搜索词典。

所有中国版Microsoft 365 SharePoint管理中心术语库的搜索词典功能默认是没有开启的。

（3）管理权威页面。

作为Microsoft 365中的全局管理员或SharePoint管理员，可以通过确定高质量页面（也称为权威页面）来影响应显示在搜索结果列表顶部的页面或文档。权威页面链接到最相关的信息。权威页面的典型示例可能是公司门户的主页。如果有特定的区域知识，可以通过添加更多级别的权威页面（第二级和第三级）来影响页面的相对重要性。

同样，也可以添加非权威页面。非权威页面的一个典型示例是包含过期信息的网站的URL，如图2-61所示。

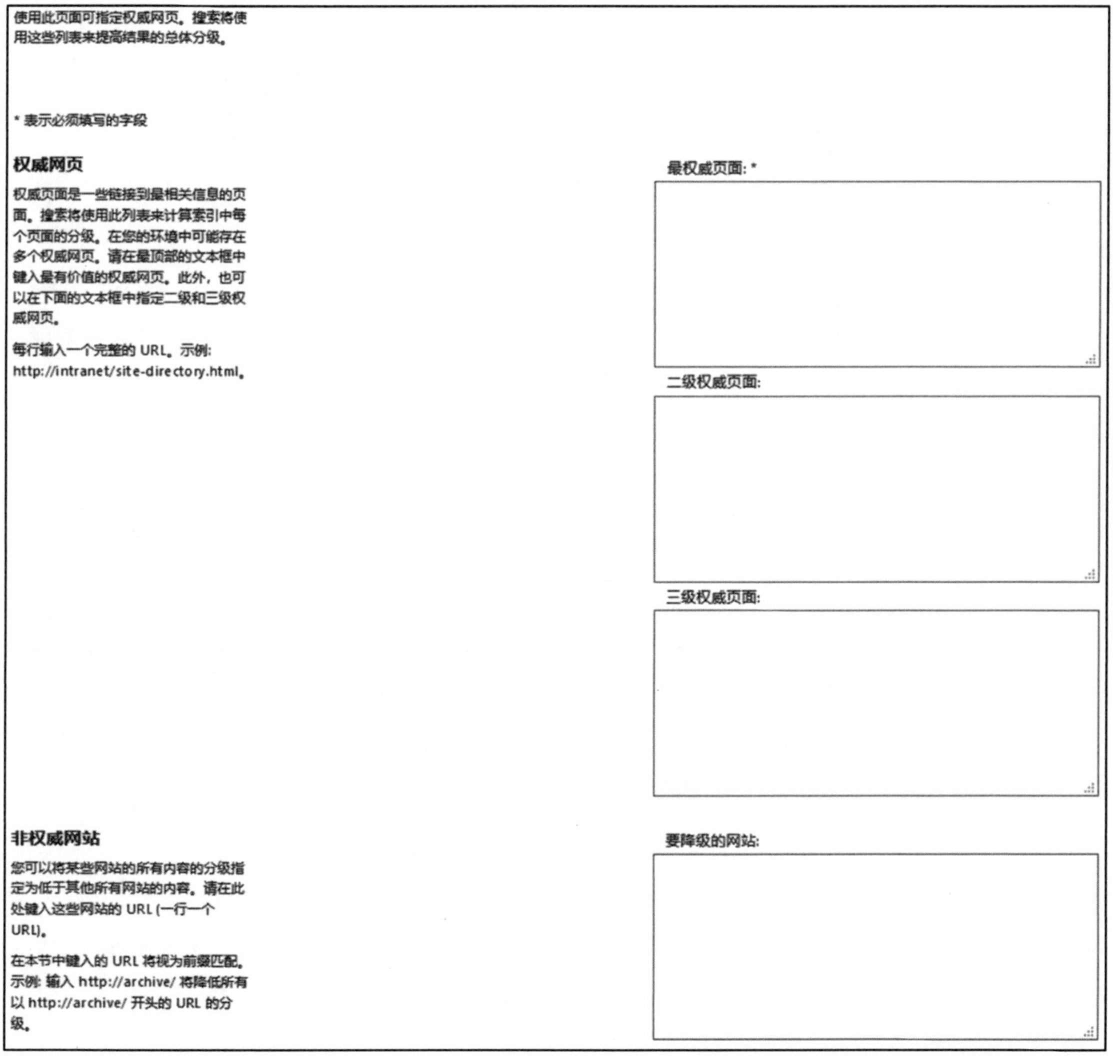

图2-61

（4）查询建议设置。

查询拼写建议是在用户输入查询时显示在搜索框下方的单词。如果至少单击了查询的搜索结果六次，SharePoint会自动创建查询建议。例如，如果您已输入查询词"咖啡"，然后单击搜索结果六次，则"咖啡"将自动成为查询建议。

每个结果源和每个网站集每天生成一次自动查询建议，因此对于不同的结果源和网站集，查询建议可能有所不同，如图2-62所示。

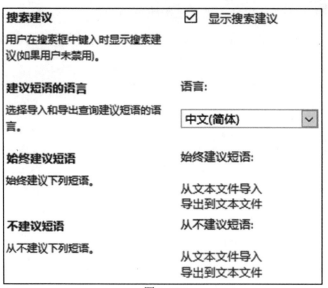

图 2-62

（5）管理结果源。

Result sources limit searches to certain content or to a subset of search results．您还可以使用结果源向外部提供程序（如Bing）发送查询。

全局或SharePoint管理员可以管理租户中的所有网站集和网站的结果源。网站集管理员或网站所有者可分别管理网站集或网站的结果源。

对于经典搜索体验，可以创建自己的结果源，也可以使用预定义的结果源。创建结果源后，配置搜索Web部件和查询规则操作以使用它。

作为Microsoft 365 中的全局管理员或SharePoint管理员，可以通过创建和管理查询规则改进搜索结果。查询规则可帮助搜索响应用户的意图。比如建立的一个SharePoint搜索中心，想通过结果源来控制搜索的结果，比如，只能搜索到OneDrive里面的东西，而搜索不到SharePoint站点的内容，这样就避免了SharePoint站点内容的泄密。

登录SharePoint管理中心，选择"管理结果源"，如图2-63所示。

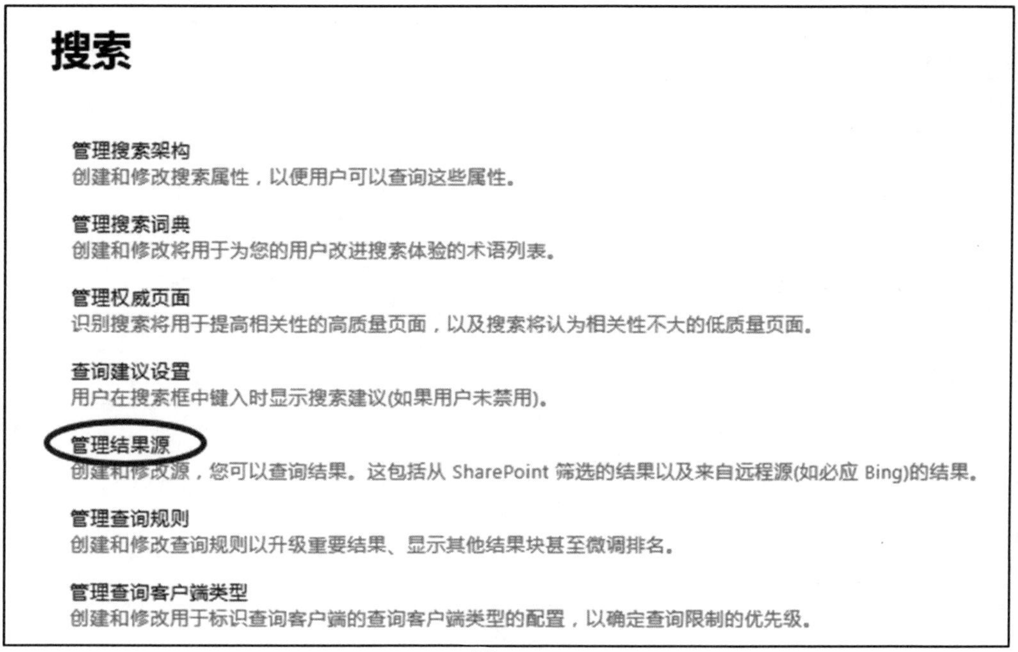

图 2-63

创建新的结果源，如图2-64所示。

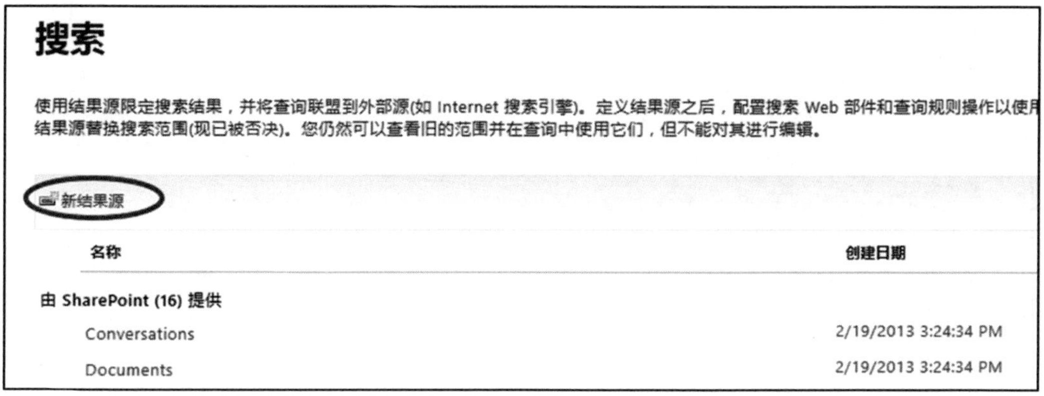

图 2-64

创建新的结果源并配置，如图2-65所示。

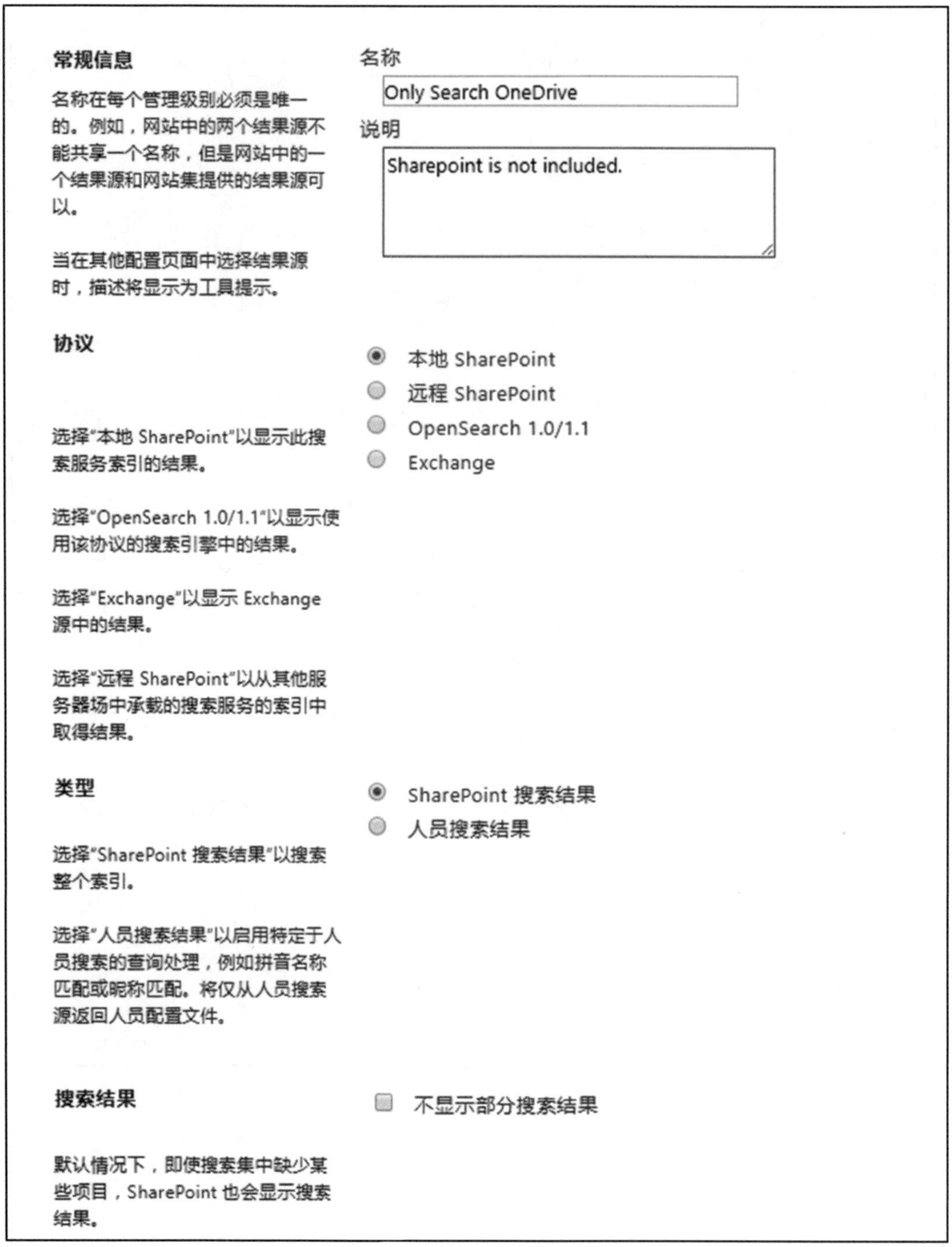

常规信息

名称在每个管理级别必须是唯一的。例如，网站中的两个结果源不能共享一个名称，但是网站中的一个结果源和网站集提供的结果源可以。

当在其他配置页面中选择结果源时，描述将显示为工具提示。

协议

选择"本地 SharePoint"以显示此搜索服务索引的结果。

选择"OpenSearch 1.0/1.1"以显示使用该协议的搜索引擎中的结果。

选择"Exchange"以显示 Exchange 源中的结果。

选择"远程 SharePoint"以从其他服务器场中承载的搜索服务的索引中取得结果。

类型

选择"SharePoint 搜索结果"以搜索整个索引。

选择"人员搜索结果"以启用特定于人员搜索的查询处理，例如拼音名称匹配或昵称匹配。将仅从人员搜索源返回人员配置文件。

搜索结果

默认情况下，即使搜索集中缺少某些项目，SharePoint 也会显示搜索结果。

名称

Only Search OneDrive

说明

Sharepoint is not included.

○ 本地 SharePoint
○ 远程 SharePoint
○ OpenSearch 1.0/1.1
○ Exchange

● SharePoint 搜索结果
○ 人员搜索结果

☐ 不显示部分搜索结果

图 2-65

这里有一个查询生成器，我们可以在这里配置查询命令并测试，如图2-66所示。

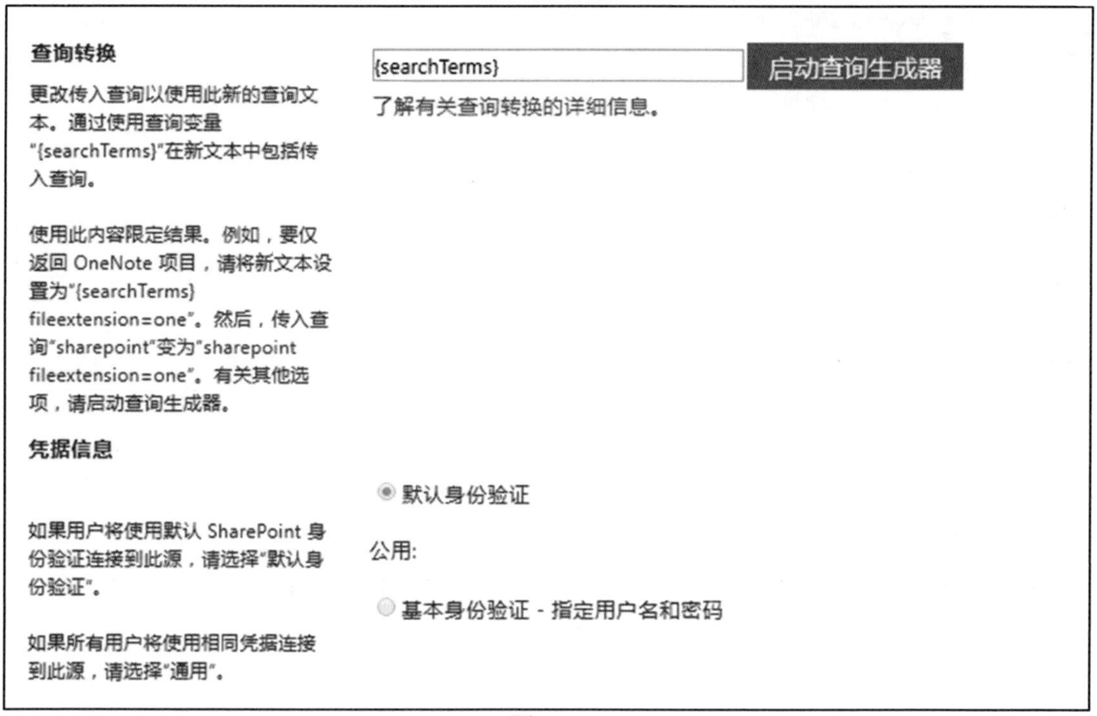

第 2 章 SharePoint 管理中心

图 2-66

测试结果没有问题，我们保存此结果源。

（6）管理查询规则。

作为 Microsoft 365 中的全局管理员或 SharePoint 管理员，可以通过创建和管理查询规则改进搜索结果。查询规则可帮助搜索响应用户的意图。

查询规则可以指定以下不同操作。

将搜索结果升级为显示在排名结果上方。例如，对于查询"病假"，查询规则可以指定特定的结果，如指向具有"休息时间"的公司策略声明的网站的链接。

更改搜索结果的排名。例如，对于包含"下载工具箱"的查询，查询规则可以将"下载"一词识别为操作术语，并增加指向内网上的特定下载网站的搜索结果。

可以在不同的级别创建查询规则：针对整个租户、网站集或网站。在租户级别创建查询规则时，可以在所有网站集中使用查询规则。在网站集级别创建查询规则时，可以在网站集中的所有网站上使用这些规则。在网站级别创建查询规则时，只能在该网站上使用这些规则。

可以为一个或多个结果源配置查询规则，并且可以指定查询规则处于活动状态的时间段，如图2-67所示。

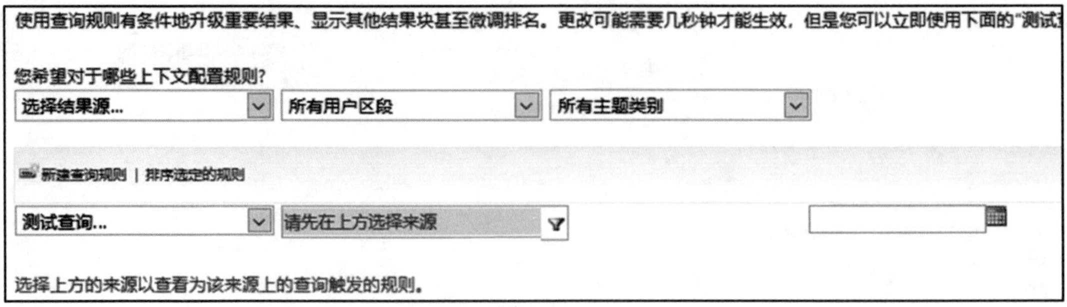

图 2-67

（7）管理客户端类型。

系统的客户端类型立即可用，无法删除。可以添加新的自定义客户端类型。

应用程序通过层区分优先次序。顶层具有最高优先级。达到资源限制，限制查询将变为"开"，搜索系统从顶层到底层处理查询，如图2-68所示。

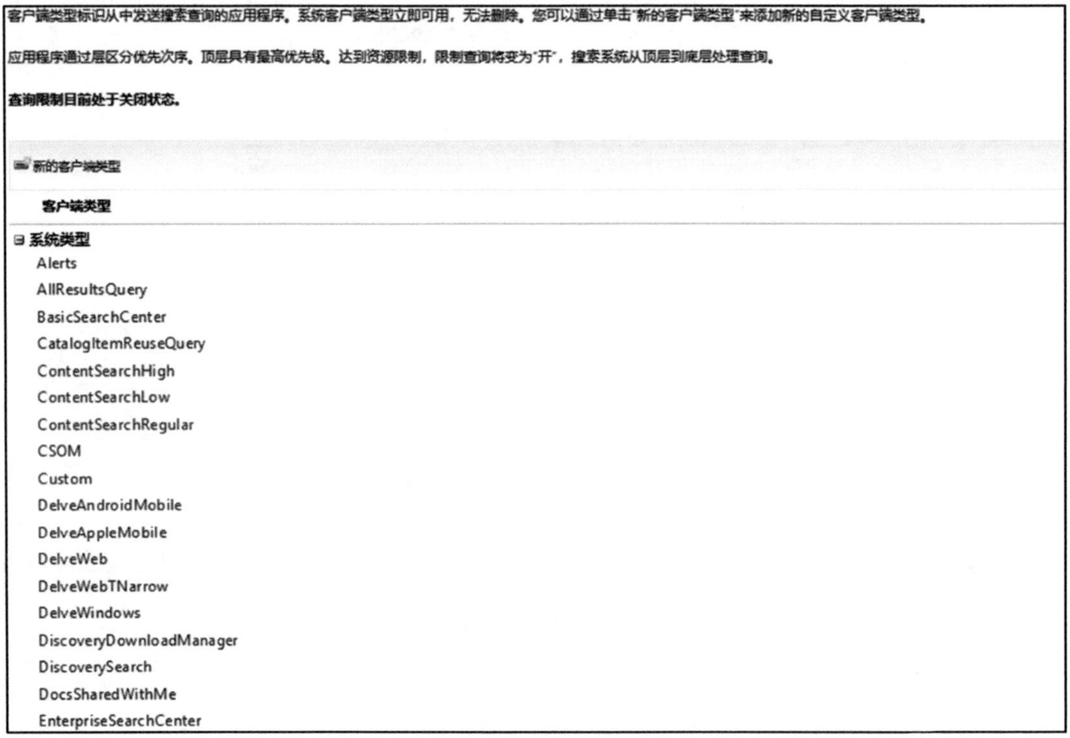

图 2-68

（8）删除搜索结果。

该功能可将搜索结果直接进行删除，使用户在搜索时不会出现搜索结果，如图2-69所示。

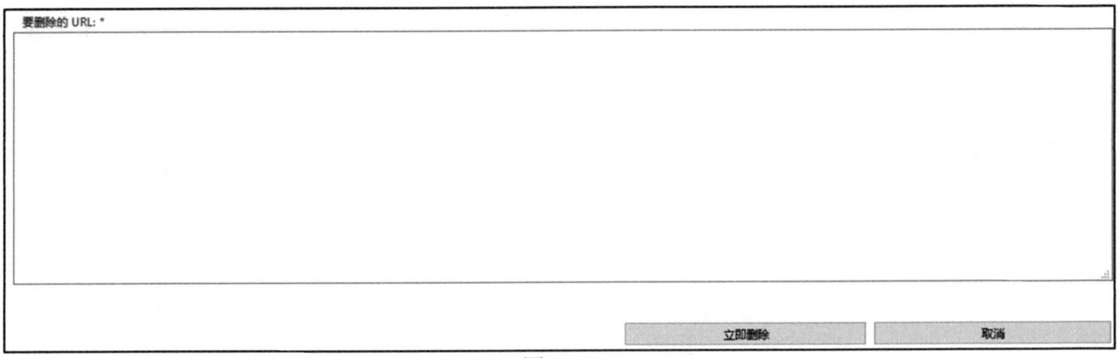

要删除的 URL: *

图 2-69

（9）查看使用率报告。

在这里可以查询用户近期进行搜索的查询报告，如图2-70所示。

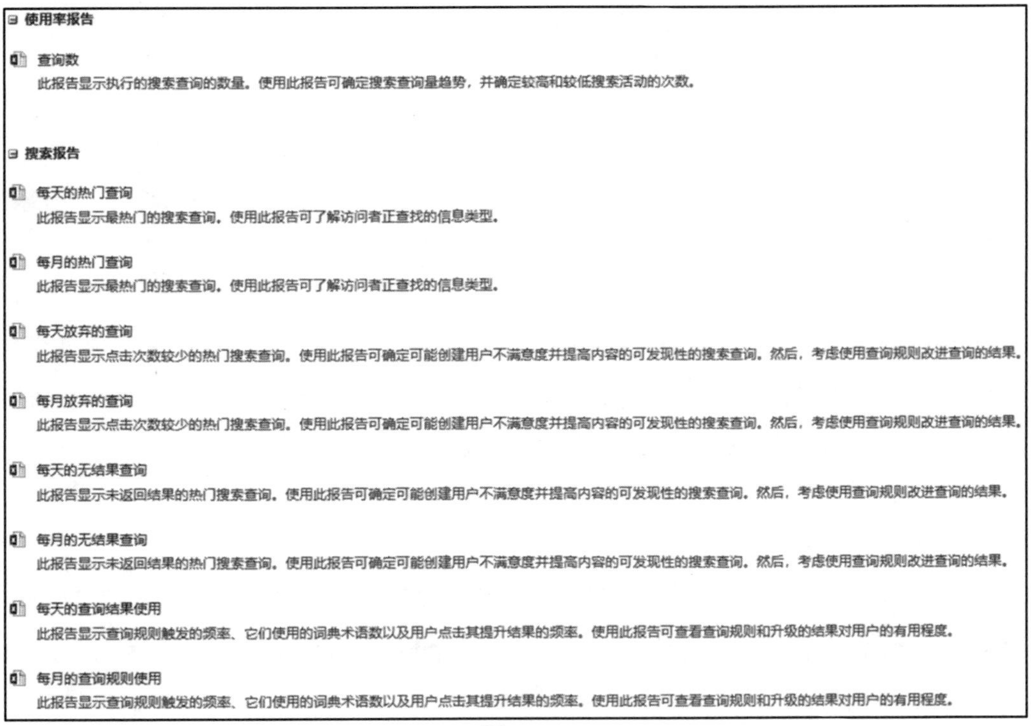

图 2-70

（10）搜索中心设置。

此设置告诉搜索系统默认情况下应在哪里执行搜索。通常，您需要将它设置为为了搜索公司中的所有内容而创建的企业搜索中心网站。

注意：

　　对此设置所做的更改可能需要 30 分钟才能生效。搜索结果 Web 部件可在页面显示（异步）后从浏览器发起查询，或在页面加载（同步）时在服务器上发起查询。

在默认情况下，该 Web 部件使用异步加载，且不会让内容所有者在这些选项之间进行选择。

同步加载使搜索易受攻击。因此，在设置同步加载之前请认真考虑安全问题，如图2-71所示。

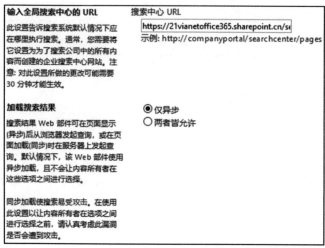

图 2-71

（11）导出搜索配置。

该功能支持将当前租户的搜索配置进行导出，然后导入到其他租户，进而避免重复配置。创建一个文件，其中包括所有自定义的查询规则、结果源、结果类型、排名模型及网站搜索设置，但是不包含当前租户中SharePoint附带提供的、可以导入到其他租户的内容。

（12）导入搜索配置。

导入搜索配置的方法如图2-72所示。

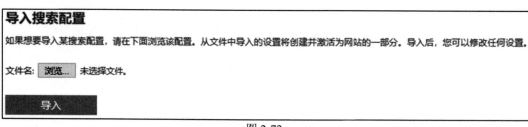

图 2-72

（13）爬网日志权限。

可以向用户授予爬网日志信息的读取权限，如图2-73所示。

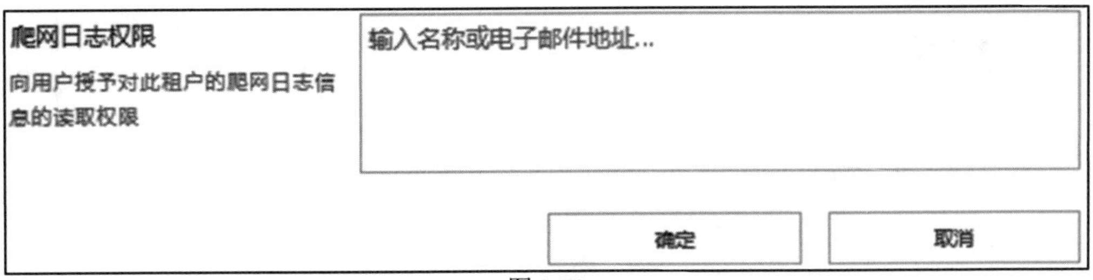

图 2-73

4. 应用程序

可以在"应用程序"页面配置SharePoint商店设置、监视的使用情况,还可以管理应用许可证等,如图2-74所示。

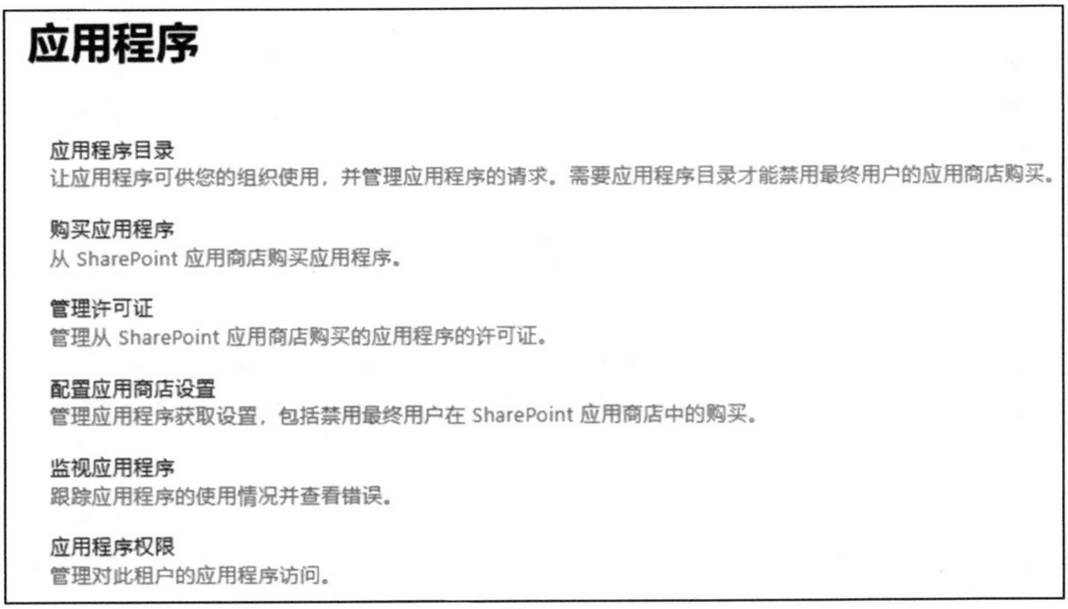

图 2-74

5. BCS（Business Connectivity Service）

在SharePoint Online中,可以创建与SharePoint网站外部数据源（如SQL Azure数据库或Windows Communication Foundation - WCF Web服务）的Business Connectivity Services（BCS）连接。创建这些连接后,可以在SharePoint管理中心管理或编辑BCS信息。SharePoint Online结合使用BCS和Secure Store Service来访问和检索来自外部数据系统的BDC模型等数据,如图2-75所示。

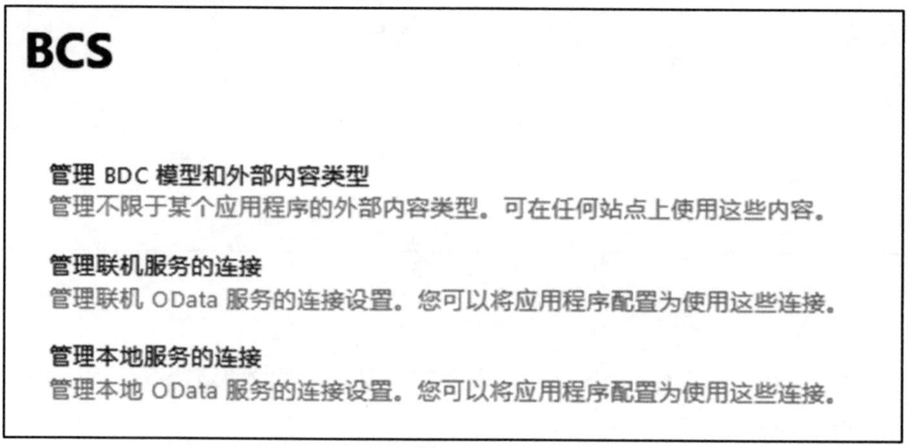

图 2-75

6. 安全存储

如果要在SharePoint中使用外部数据（如其他业务应用程序或合作伙伴资源中的数据），则可以结合使用Business Connectivity Services（BCS）和Secure Store。

7. 发送到连接

如果组织需要统一管理文档，管理员可以通过"发送到连接"功能将文档发送到指定的位置，如图2-76所示。

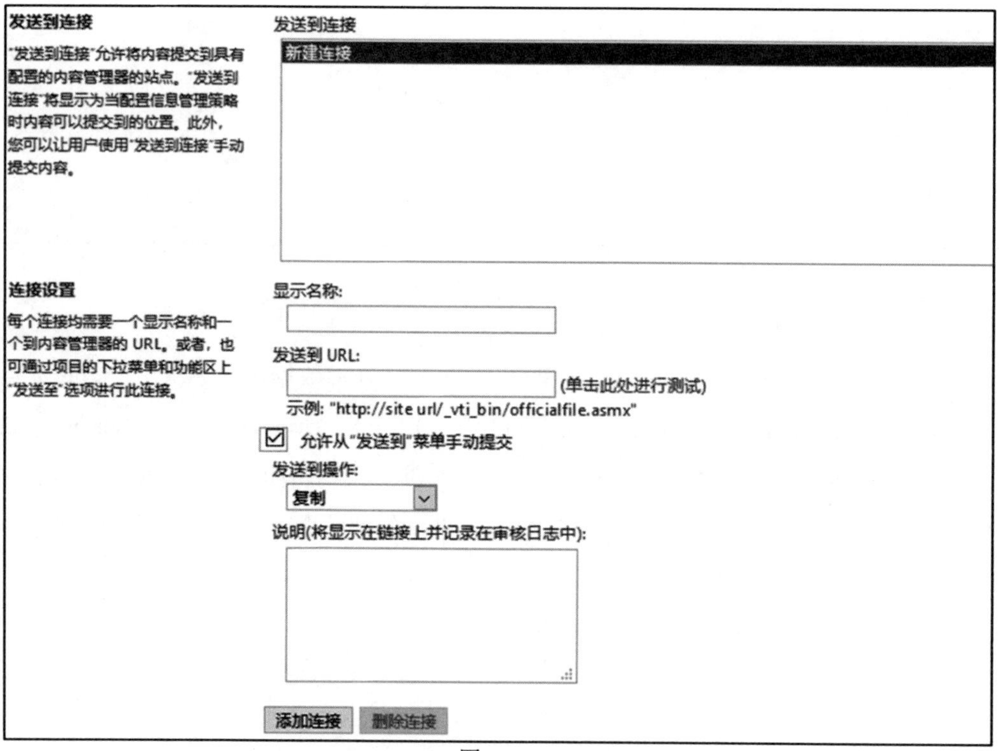

图 2-76

8. 混合选择器

混合选择器是一个向导，可以从Microsoft 365下载到您的SharePoint服务器。该向导可帮助自动执行某些部署SharePoint服务器环境所需的配置步骤。

9. 经典网站集页面

可以在经典网站集页面新建和管理私人网站集，网站集列表不显示团队网站和通信网站，如图2-77所示。

图 2-77

2.2.6 数据迁移

SharePoint迁移工具旨在将最小的文件集迁移到大规模企业，可用于将信息迁移到Microsoft 365云端（目前该工具不适用于由世纪互联运营的中国版Microsoft 365）。

第 3 章　SharePoint Online 网站

3.1　Office Online

3.1.1　Office Online 介绍

使用Office Online，无论是在公司工作还是出差办公，在任何地方都可以通过常用的Web浏览器进行Word、Excel、PPT和OneNote文档的查看和编辑，并且具备以下优点。

（1）Office Online应用的功能与您之前使用的Office客户端类似，有熟悉的使用体验。

（2）在Office Online应用中进行的任何操作都是自动进行保存的，无须手动保存。文档全部保存在Microsoft 365云端，确保我们随时随地访问的云端文档都是最新的。

（3）无须关闭Office Online的文档，即可将文档无缝切换到功能更加完善的桌面应用中打开。

（4）可以邀请其他人进行实时协作，确保所有人保持同步。

使用Office Online时，只需要打开浏览器，输入门户网址：https://portal.partner.microsoftonline.cn，在左上角选择"OneDrive"或者"SharePoint"（参见图2-1），转到要在其中存储文档的库，打开里面的Office文档，即可进行阅读和编辑；或者单击"新建"按钮，如图3-1所示，即可在Web浏览器中打开新的文档并进行处理。

图 3-1

3.1.2 多人协作

文件存储在"OneDrive for Business"或者"SharePoint"云端文档库后,您和其他人可以同时打开同一个位置的同一个文件。在Office Online中编辑文件时,您可能会看到其他人也在处理该文件中的通知,并且其他人在该文档中光标的所在位置,会以不同颜色显示出来。图3-2为使用Word Online进行协同编辑,图3-3为使用Excel Online进行协同处理工作簿,图3-4为使用PowerPoint Online共同创作演示文稿。

图 3-2(蓝色)

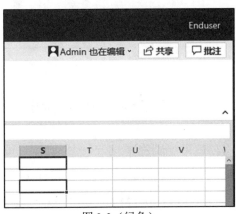

图 3-3(绿色)

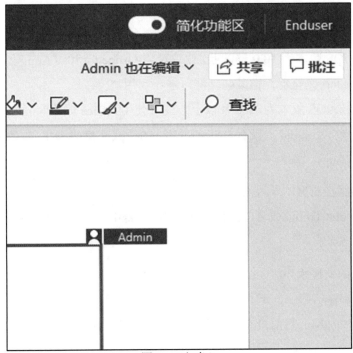

图 3-4(红色)

在OneNote Online中协作，可以看到哪些内容是由谁撰写的，并且可以根据需要将页面恢复到以前的版本，如图3-5所示。

图 3-5

3.1.3 Office Online 限制

1．适用的浏览器

为了获得最佳的使用体验，请让浏览器保持最新版本。

- Windows 10：Microsoft Edge、Internet Explorer 11（IE11）、火狐或谷歌浏览器。
- Windows 8、Windows 8.1：IE 11、火狐或谷歌浏览器。
- Mac OS X（10.10 及更高版本）：Safari 或谷歌浏览器。
- Linux：火狐或谷歌浏览器，但某些功能可能不可用。
- iPad：如果 iOS 版本为 10.0 及以上，建议使用 Office for iPad App。如果 iOS 版本较低，可以使用 Safari 浏览器，但某些功能可能不可用。
- iPhone：如果 iOS 版本为 10.0 及以上，建议使用 Office for iPhone App。
- Android：目前，Android 上没有 Office Online 的正式支持的浏览器，建议改为使用 Office for Android App。

2．文件名和路径长度

存储在SharePoint Online或者OneDrive for Business中的存储路径长度，包括文件名，需要少于400字符。

3．在线打开的文件大小

Excel：0~50 MB。

Word、PPT、OneNote目前没有限制文件大小，但是文件大小会影响文件在Office Online中打开的速率。

4．支持的文件类型

Office Online支持的文件类型如表3-1所示。

表 3-1

在 Word 2.0 或更高版本中创建的 Word 文档	查 看	编 辑
Open XML（.docx）	是	是
二进制（.doc）	是	转换到.docx
宏（.docm）	是 1	是 1
其他（.dotm，.dotx）	是	否
OpenDocument（.odt)	是	是
可移植文档格式（.pdf）	否	否
在 Excel 97 或更高版本中创建的 Excel 工作簿	查看	编辑
打开 XML（.xlsx，.xlsb）	是	是
二进制（.xls）	是	转换到.xlsx
模板（.xlt，.xltx）	否	否
宏（.xlsm）	是 1	是 2
OpenDocument（.ods）	是	是
在 OneNote 2010 或更高版本中创建的 OneNote 笔记本	查看	编辑
Open XML（.one）	是	是
在 PowerPoint 97 或更高版本中创建的 PowerPoint 演示文稿	查看	编辑
Open XML（.pptx，.ppsx）	是	是
二进制（.ppt，.pps）	是	转换为.pptx 或.ppsx
模板（.pot，.potx）	是	否
宏（.pptm，.potm，.ppam，.potx，.ppsm）	是 1	否
外接程序（.ppa，.ppam）	否	否
OpenDocument（.odp）	是	是

（1）无法运行或更改宏。

（2）如果存在宏，则系统会提示您需要保存删除了宏的文件副本。

3.2　SharePoint Online 应用程序

SharePoint Online应用程序具有小型、独立且易于使用的特性，能够执行任务或解决特定的业务需求。可以添加应用到您的网站来显示您定制的一些信息，如时间和费用跟踪的应用；

也可以添加应用来执行各种基于文档的任务。您还可以添加用于显示新闻或其他第三方网站信息的应用。

可以将来自各种源的应用程序添加到您的网站上。例如，如果您的组织开发了用于内部业务用途的自定义应用程序，那么可以在"来自您的组织"下浏览应用程序，从组织的应用程序目录中添加这些应用程序。您还可以浏览SharePoint商店，从第三方开发人员购买应用程序。

3.2.1 如何添加应用

1. 添加应用程序

在准备添加应用程序的网站中，单击齿轮状的设置按钮，在下拉菜单中选择"添加应用程序"，如图3-6所示。

图 3-6

2. 应用程序页面的操作

在"您的应用程序"页面上，根据需求（左侧的"若要"），执行相应的操作如下。

若 要	操 作
添加内置 SharePoint 应用程序，例如文档库	（1）在搜索框中，输入想要添加的内置应用程序的名称（例如，文档库）。按 Enter 键。 （2）选择应用程序以进行添加，然后提供必要的信息。 备注： ① 可以向一个网站添加多个内置的应用程序，以满足不同的需求。 ② 您必须至少具有"设计"权限才能添加内置应用程序。 ③ 不同网站模板类型，可以添加的内置应用程序有所不同。
从您的组织添加应用程序	选择"来自您的组织"，如图 3-7 所示。 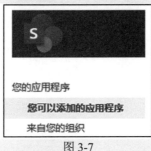 图 3-7 （3）浏览应用程序的筛选列表，选择想要添加的应用程序。
从 SharePoint 商店下载应用程序	（4）打开"SharePoint 商店"，如图 3-8 所示。 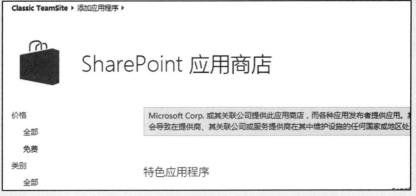 （5） 图 3-8 （6）在该页面中使用左侧的类别筛选所选内容，通过浏览查找所需的应用程序。如果您已经知道的名称或所需的应用标记，可以直接在搜索框中搜索。 （7）选择您要添加的应用程序。单击"详细信息"或"评论"按钮以了解有关应用程序的更多信息。 （8）当系统询问您是否要信任该应用程序时，请查看有关应用程序所执行的操作的信息，然后单击"信任它"按钮添加应用程序。 （9）此时，应用程序将出现在"网站内容"页面中。可以通过"网站内容"页面访问该应用程序。 备注： • 要添加来自 SharePoint 商店的应用程序，您必须拥有"完全控制"权限。如果您是网站所有者，那么您已经拥有此权限。

安装应用程序后，可以到"网站内容"页面进行查看，如图3-9所示。

图 3-9

根据应用程序执行的任务，应用程序可能会在库的功能区中添加命令，向列表或库的项目标注功能、添加命令等。

文档库和列表作为较常用的应用程序，接下来会分别对其进行详细介绍。

3.2.2 列表

SharePoint Online中的列表作为一个数据集合，为您和同事提供一种灵活的方式来管理组织信息。

在列表内，可以为不同类型的数据（如文本、货币或时间等）添加列，创建不同的视图来有效地显示所需的部分数据，可以对列表进行排序、分组和筛选等，以突出显示最重要的信息，还可以使用SharePoint Workflow进行自动化的流程处理。

与SharePoint文档库不同，创建网站时不会默认创建列表这个应用程序，可以后续将其添加到任意所需的位置。

1. 创建列表

进入网站，单击齿轮状的设置按钮，选择"网站内容"，单击右侧页面上的"新建"按钮，在下拉菜单中选择"列表"，如图3-10所示。

第 3 章 SharePoint Online 网站

图 3-10

在输入列表名称和相应的说明后,可以选择是否在网站导航中进行显示。单击"创建"按钮后,列表创建完成。

其他类型的列表(如链接、日历、调查、问题跟踪、通知等)创建过程类似。

2. 增删改列表项

添加单个项目,步骤可参照图3-11所示。打开相应的列表,单击列表上方的"新建"按钮,输入列表项的信息并保存,就完成了一个列表项的添加。

图 3-11

快速批量添加多个项目,步骤可参照图3-12和图3-13所示。单击列表顶部的"快速编辑"按钮,输入相应的列表项信息,完成输入以后退出编辑。

图 3-12

图 3-13

编辑单个项目的步骤可参照图3-14所示。选中相应的列表项,然后选择项目旁边的相应选项。

图 3-14

批量编辑多个项目的方法跟快速批量添加多个项目类似，都是通过快速编辑选项来实现的。

删除单个项目，如图3-15所示。

删除多个项目，如图3-16所示。

图 3-15

图 3-16

3．还原已删除的项目

在回收站中选中已删除的项目，单击"还原"按钮还原项目，步骤可参照图3-17和图3-18所示。

图 3-17

图 3-18

4．在列表中创建文件夹

在默认情况下，"新建文件夹"命令在新创建的列表中不会显示出来。但是，我们可以用列表所有者或网站管理员来启用此功能（至少需要拥有该列表的设计权限）。

打开一个列表，单击右上角的设置按钮，在下拉列表中选择"列表设置"，如图3-19所示。

图 3-19

选择"高级设置",在页面的"文件夹"区域中,选中"是",以使"新建文件夹"命令可用,如图3-20和图3-21所示。

图 3-20

图 3-21

开启此功能以后,就可以在列表顶部工具栏上,单击"新建"按钮,然后从下拉列表中选择"文件夹",在"文件夹"对话框中输入文件夹名称,然后单击"创建"按钮,如图3-22和图3-23所示。

图 3-22

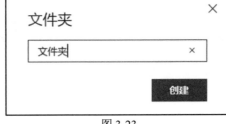

图 3-23

5. 增删改列表列

打开列表,在列表的最后一列的名称右侧单击"添加列"按钮,在下拉菜单中,选择所需的列类型,在"创建列"面板中,在"名称"字段中输入列标题,选择"类型",再输入其他所需的信息,单击"保存"按钮,完成创建列,如图3-24和图3-25所示。

图 3-24

图 3-25

删除列时，需要在当前打开的列表界面上，打开齿轮状的设置下拉菜单进行设置，如图3-26所示。在"列表设置"页面上的"栏"（窗口中的"栏"表示不同的列）区域，单击要删除的栏的名称。滚动到"编辑列"页的底部，然后单击"删除"按钮。出现提示时，单击"确定"按钮，如图3-27、图3-28和图3-29所示。

图 3-26

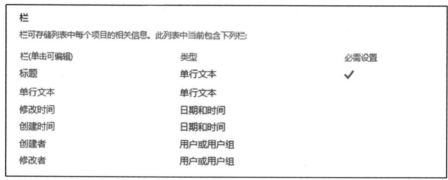

图 3-27

图 3-28

图 3-29

同样,也是在"列表设置"页面上的"栏"区域中,选择相应的栏进行更改管理。

6. 增删改列表视图

新建列表视图,需要转到"列表设置"页面(参见图3-26)。在设置页面底部,单击"创建视图"按钮,如图3-30所示。在"视图类型"页面上,选择一种视图类型,就可以打开该视图类型的"创建视图"页面,如图3-31所示。最常见的视图类型是"标准视图",该视图是大多数类型的列表的默认视图。在"视图名称"文本框中,输入视图的名称。如果要将其设置为列表的默认视图,请选择"将此值设置为默认视图"。在"访问群体"区域中的"查看访问群体"下,选择"创建个人视图"或"创建公共视图"。当您只需要自己看时,可创建个人视图;当您希望使用列表的每个人都可以查看时,请创建公共视图。在"列"区域选择要包含在视图中的列,并清除您不需要显示的列。在列号旁边,选择要在视图中显示的列的顺序。更改视图的其他设置,例如"排序和筛选",然后单击页面底部的"确定"按钮。

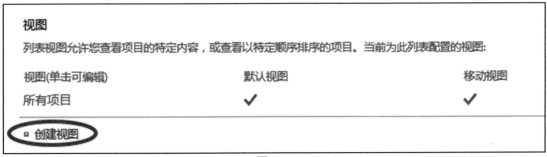

图 3-30

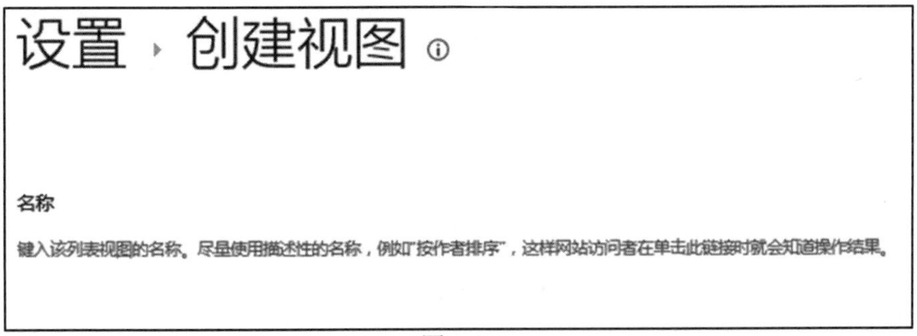

图 3-31

更改列表视图,需要选择列表命令栏中所有项目旁的"视图选项"下拉菜单,如图3-32所示。然后选择"编辑当前视图",如图3-33所示。在"编辑视图"页面上,进行更改。可以添加或删除列、添加排序或筛选条件、配置文件夹等。完成更改后,单击"确定"按钮。

图 3-32

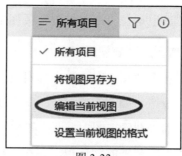

图 3-33

删除列表视图,需要选择列表命令栏中所有项目旁的"视图选项"下拉菜单,如图3-34所示。参照图3-33选择"编辑当前视图"。在"编辑视图"页面上,单击"删除"按钮,然后单击"确定"按钮,如图3-35所示。

图 3-34

图 3-35

7. 切换列表的新体验和经典体验

大多数列表的默认体验已更改为新体验。新体验的速度更快,导航更简单,并允许您更轻松地完成许多常见任务,所以本书中的列表图示和步骤都以新体验为主。但是,如果您仍希望将每个人的默认体验切换为经典体验,可以按照如下步骤进行切换。

打开设置下拉菜单(参见图3-26),选择"列表设置"|"高级设置",如图3-36所示。然后找到高级设置页面末尾的"列表体验"区域,参照图3-37所示的设置。

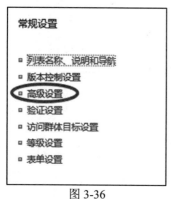

图 3-36

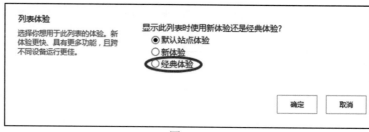

图 3-37

8. 管理大型列表

在SharePoint列表中最多可以存储3000万个项目。但是,当一个列表视图显示超过5000

个项目时,列表显示或使用可能会出现一些问题,可以参考如下建议来管理大型列表。

使用新体验:新体验界面对大型列表的兼容性更好,可以避免一些在经典界面中出现的错误。

添加索引:转到列表设置(参见图3-26),在"栏"区域中,选择"索引栏",然后单击"新建索引"按钮,如图3-38和图3-39所示。挑选适当的列表列作为主栏,例如"创建时间",如图3-40所示。然后单击右下角的"创建"按钮,完成索引栏的新建。

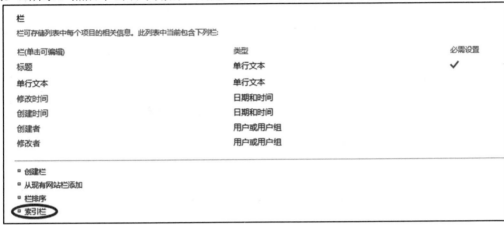

图 3-38

图 3-39

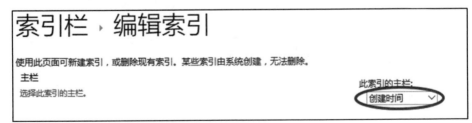

图 3-40

编辑当前有问题的列表视图:转到"列表设置"页面,在"视图"区域,单击有问题的视图名称(例如test view),如图3-41所示。在视图编辑页面上,找到"筛选"区域,将刚才设置的索引栏作为筛选栏,并设置相应数值保证当前视图显示项目数不超过5000,如图3-42所示。

图 3-41

图 3-42

回到列表,就会看到刚才编辑过的视图和筛选后的列表项。

注意:

在编辑筛选视图时,一次仅用一列进行排序;不要按人员、查阅项或托管元数据列进行排序;不要使用分组;不要添加汇总,如计数、总和、平均数等;不要让人员、查阅项和托管元数据列的显示总数超过12列。

9. 删除列表

在"列表设置"页面的"权限和管理"区域(参见图3-20),选择"删除此列表",如图3-43所示。在弹出的对话框中单击"确定"按钮进行删除。

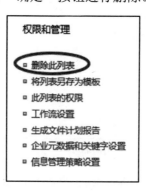

图 3-43

10. 还原列表

进入到网站回收站进行还原,被删除的列表最多保留93天。

11. 管理列表权限

权限相关问题会在3.5节中进行集中介绍。

3.2.3 文档库

文档库提供了一个安全的位置来存储文件,您和您的同事可以轻松找到它们,并在任何时间从任何设备访问它们。例如,可以在SharePoint Online中使用网站上的文档库来存储与特定项目相关的所有文件,在文件夹之间方便地移动文件等。

SharePoint Online在创建新网站时会自动创建一个文档库,您也可以根据需要向网站添加其他文档库。

1. 创建文档库

进入网站,打开齿轮状的设置下拉菜单,选择"网站内容",单击"新建"按钮,选择"文档库",如图3-44所示。

图 3-44

在输入文档库名称和相应的说明后,可以选择是否在网站导航中进行显示。单击"创建"按钮后,文档库创建完成。

2. 上传文件或文件夹

打开要在其中上传文件或文件夹的文档库,选择本地计算机上的文件或文件夹,然后将该文件夹或文件拖放到文档库页面。

需要注意的是，只有最新版本的Microsoft Edge、Google Chrome和Mozilla Firefox支持上传文件夹，因为SharePoint借助以上浏览器内置的上传文件夹的能力，而IE浏览器不支持上传文件夹。

在使用拖放功能时，一次最多上传100个文件。

避免上传大于100 GB的SharePoint Online文件，这是默认最大的文件大小。

SharePoint Online已取消了可以添加的文件类型的限制，当前已知的文件类型都可以添加。

3．删除与还原文件

在SharePoint中，打开文档库并将鼠标悬停在要删除的项目上，然后单击单选标记，也可以同时选择多个需要删除的文件，如图3-45所示。

图 3-45

单击顶部链接栏上的"删除"按钮，在弹出的对话框中单击"删除"按钮，删除相应的文件或者文件夹。文档库的顶部会有状态显示，告知该项目已被删除，如图3-46所示。

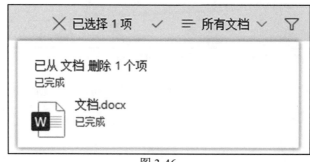

图 3-46

单击网站内容页面的顶部右侧的"回收站"按钮，在回收站中选中文件，可以恢复所选的文件，如图3-47和图3-48所示。

图 3-47

图 3-48

已删除的文件在回收站中的保留时间为93天。

4．移动或复制文件

选中要复制的项目，然后单击功能区中的"复制到"按钮，如图3-49所示。

图 3-49

在"位置"下，选择要"复制到"的文件、文件夹或链接的副本的位置。目前只支持在当前文档库内部进行文件等的复制或移动。以后会逐步支持复制到其他网站或子网站。

移动文件的方法也类似，选择功能区中的"移动到"进行操作，如图3-50所示。

图 3-50

5．版本控制

在SharePoint文档库中启用了版本控制，则可以在库中的文档每次更改时存储、跟踪和还原其中的文件版本。选中相应的文档，单击要查看历史记录的项目旁边的省略号，选中"版本历史记录"，如图3-51所示。

跟踪版本的历史记录：启用版本控制时，可查看文件修改的时间和修改者信息，还可以查看属性何时被修改，以及入库时所做的注释，如图3-52所示。

还原早期版本：如果在当前版本中操作错误、当前版本损坏、或仅由于您更喜欢早期版本，都可用早期版本替换当前版本。还原的版本将成为新的当前版本，如图3-53所示。

查看早期版本：不用覆盖当前版本即可查看早期版本。如果您在Microsoft Office文档（例如Word或Excel文件）中查看版本历史记录，则可对这两个版本进行比较以确定有何差异，如图3-54所示。

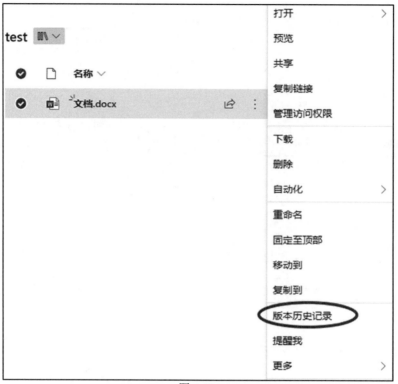

图 3-51

图 3-52

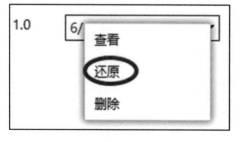 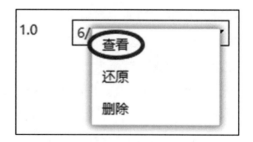

图 3-53　　　　　　　　　　　　　图 3-54

在默认情况下，SharePoint Online中的文档库会开启版本控制，保留500个主要版本，如图3-55所示。

图 3-55

设置版本控制时，需要转到要为其启用版本控制的库，打开齿轮状的设置下拉菜单，然后选择"库设置"，在打开的页面上选择"版本控制设置"，如图3-56和图3-57所示。

图 3-56

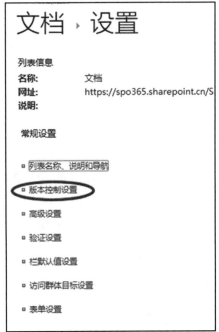

图 3-57

6. 自定义文档库视图

在文档库的设置下拉菜单中选择"库设置",在"设置"页面底部,单击"创建视图"按钮,参见图3-30。

7. 切换文档库的新体验和经典体验

在文档库的设置下拉菜单中选择"库设置"|"常规设置"|"高级设置",如图3-58所示。

8. 管理大型文档库

在文档库的设置下拉菜单中(参见图3-56)选择"库设置",新建索引栏,并用索引栏来新建视图。

9. 删除文档库

在文档库的设置下拉菜单中(参见图3-56)选择"库设置",在"设置"页面上,选择"权限和管理"|"删除此文档库",如图3-59所示。

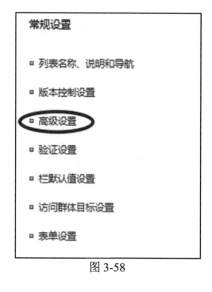

图 3-58   图 3-59

10. 还原文档库

进入到网站回收站进行还原。

3.3 管理 Web 部件

Web部件是用户界面的构建基块,可以组合在一起构建页面或站点。例如,新闻Web部件、网站活动Web部件等。

在信息协作方面,Web部件被称为应用程序部件。可以从列表、文档库或任意已经存在于网站内容中的App来获取并显示信息,并允许您向列表或文档库添加新的项目或文档。

3.3.1 插入 Web 部件

1. 新体验界面

使用新体验界面向网站添加页面时,页面列出的Web部件包括文本、图像、文件、视频、动态等,如图3-60所示。

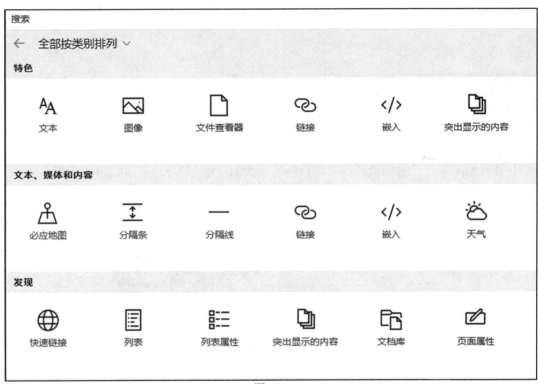

图 3-60

添加Web部件的具体步骤:

打开在其中添加Web部件的页面。如果看不到所需的网站页面,单击"快速启动"栏上的"网站内容"按钮,然后在"内容"列表中选择"网站页面",然后单击所需的页面,如图3-61和图3-62所示。

图 3-61　　　　　　　　　　　　　　　图 3-62

如果页面尚未处于编辑模式，单击页面右上角的"编辑"按钮，如图3-63所示。

图 3-63

将鼠标悬停在现有Web部件的上方或下方将显示一条线，线上有一个带圆圈的"+"，如图3-64所示。

图 3-64

单击"+"图标，您将看到可供选择的Web部件列表，上方的搜索框可以输入内容，若要轻松找到所需的Web部件。单击"展开"按钮，可以按类别显示Web部件的大视图，也可以对该视图进行排序，如图3-65和图3-66所示。

第 3 章 SharePoint Online 网站

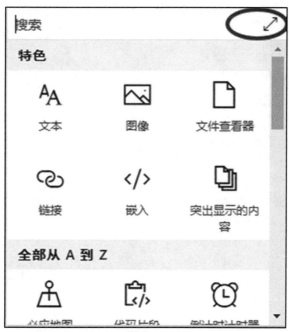

图 3-65

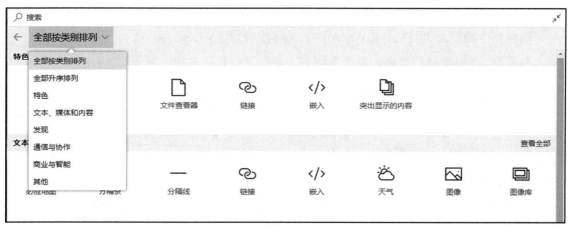

图 3-66

单击任一 Web 部件的图标即可添加。

2．经典体验界面

向经典体验界面的团队网站添加页面后，需要在编辑页面添加并显示 Web 部件，如图 3-67 所示。

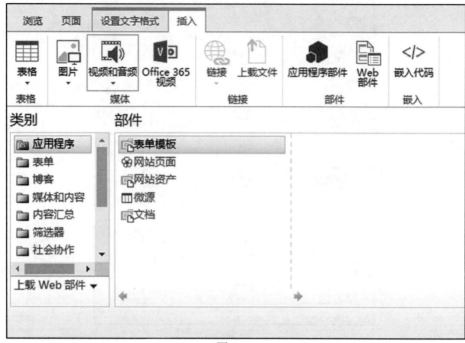

图 3-67

向经典体验界面的网站添加Web部件的具体步骤如下。

打开添加Web部件的页面，单击页面右上角的"编辑"按钮，如图3-68所示。

图 3-68

在页面中要添加Web部件的位置单击，打开"插入"选项卡，然后单击"Web部件"按钮，如图3-69所示。

图 3-69

在"类别"下，选择一个类别（如"应用程序"），选择要添加到页面的Web部件（如"网站资产"），然后单击"添加"按钮。选择Web部件时，有关该Web部件的信息会显示在"关于部件"的说明中，如图3-70所示。

第 3 章 SharePoint Online 网站

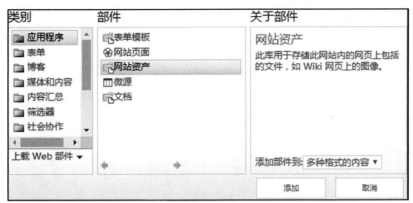

图 3-70

完成页面编辑后,在"设置文字格式"选项卡中单击"保存"按钮,如图3-71所示。

图 3-71

3.3.2 编辑 Web 部件

1. 新体验界面

在处于编辑状态的页面上,指定一个Web部件,您将在Web部件左侧看到一个小工具栏,单击 "编辑"图标,如图3-72所示。

2. 经典体验界面

在处于编辑状态的页面上,指定一个Web部件,单击Web部件右上角的向下箭头,然后选择"编辑Web部件",如图3-73所示。

图 3-72

图 3-73

在屏幕的右侧,您将看到的Web部件的编辑栏。在这里可以更改视图、外观、布局和许多其他属性。

3.3.3 删除 Web 部件

1. 新体验界面

在处于编辑状态的页面上，指定一个Web部件，您将在Web部件左侧看到一个小工具栏，单击"删除Web部件"图标，如图3-74所示。

2. 经典体验界面

在处于编辑状态的页面上，指向要从页面中删除的Web部件，单击向下箭头，然后选择"删除"，如图3-75所示。

图 3-74　　　　　　　　　　　图 3-75

3.4　创建/删除网站

Microsoft SharePoint Online是基于网页端网站的工具和技术的集合，可帮助您的组织存储、共享和管理数字信息。创建SharePoint Online网站，让您及所在团队可随时随地利用任意设备处理项目和共享信息。

3.4.1　如何创建不同类型的 SharePoint Online 网站

1. SharePoint Online 里面有哪些模板可以使用

协作网站模板：新式团队网站、通信网站、经典工作组网站、博客、开发人员网站、项目网站、社区网站。

企业网站模板：文档中心、电子数据展示中心、记录中心、工作组网站-SharePoint Online 配置、商业智能中心、合规性策略中心、企业搜索中心、我的网站宿主、社区门户、基本搜索中心、Visio流程存储库。

发布网站模板：门户网站。

其中，最常用的网站模板：团队网站、通信网站、经典工作组网站。

2．挑选网站模板

我们以常用的3个网站模板为例，分别介绍一下各个网站的特点，大家可以根据各自需求，按需使用。

团队网站：可以使用团队网站来存储和协作处理文件或者创建和管理信息列表。在团队网站主页上，可以查看重要团队文件、应用和网页的链接，并查看网站最新发布的新闻活动。如果团队中的大多数成员需要对网站的内容进行编辑，并且需要有一个对应的邮件组来给网站里面的所有成员发邮件通知，那么推荐使用这种网站。

通信网站：可以发布动态通知/新闻等。如果仅仅打算将网站中的信息传播到广泛的访问群体，仅一小部分成员需要对网站的内容进行编辑，那么推荐使用这种网站。

经典工作组网站：文件协作存储功能和团队网站类似，但是如果不需要有对应的邮件组来给网站里面的所有成员发邮件，那么推荐使用这种网站。

3．创建团队网站

登录Microsoft 365平台界面后，在页面左上角选择应用启动器图标，如图3-76所示。

图 3-76

然后选择"SharePoint"磁贴。如果看不到"SharePoint"磁贴，则单击"网站"磁贴；如果"SharePoint"不可见，则单击"全部"。在"SharePoint"页面顶部，单击"创建网站"按钮，如图3-77所示。

图 3-77

如果看不到"创建网站"按钮，那么可能是在Microsoft 365中禁用了自助式网站创建，可以与组织中管理Microsoft 365的人员联系以创建团队网站。如果您是租户管理员，可以在SharePoint Online管理中心来管理网站创建功能，为您的组织启用自助式网站创建，或者在新的SharePoint Online管理中心中创建网站。

如果准备将新的团队网站与SharePoint Online中心网站相关联，那么可以首先导航到中心网站，然后单击页面上的"Create site（创建网站）"按钮来简化流程，如图3-78所示。新建的团队网站将自动与该中心网站相关联。

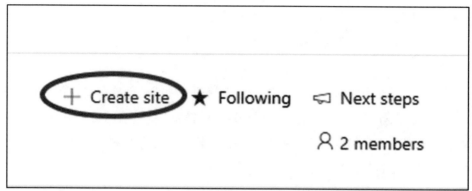

图 3-78

选择"团队网站",屏幕右侧将显示网站创建向导,用户可在其中输入信息,从而创建团队网站,如图3-79所示。

图 3-79

为新的团队网站,输入网站名时,将看到所选名称是否可用。如果已经有同名网站存在,界面会有红字提示。组电子邮件地址将自动生成与团队网站名称相同的Microsoft 365 组电子邮件。在"网站描述"文本框中,添加文本以说明网站的用途。在"隐私设置"区域,可以选择"公共:组织中的任何人都可访问此网站"或"专用:只有成员可以访问此网站"以控制站点的访问权限。在"选择语言"区域,为网站选择默认语言并创建该网站后,以后就无法将语言更改为其他语言,但是,可以添加其他支持语言,如图3-80所示。

图 3-80

单击"下一步"按钮,在"添加组成员"页面中,添加要管理站点和要让其成为网站成员的其他人员的姓名或电子邮件地址,网站创建者自动成为网站所有者组的成员,然后单击"完成"按钮,如图3-81所示。

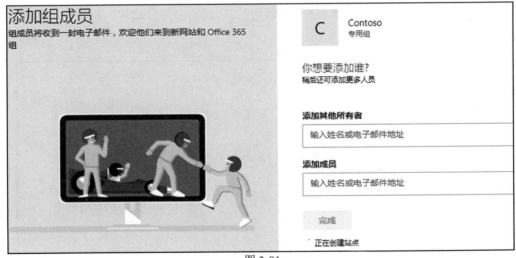

图 3-81

4. 创建通信网站

登录到Microsoft 365平台界面后,在页面左上角选择应用启动器图标,如图3-82所示。

图 3-82

选择"SharePoint"磁贴。如果看不到"SharePoint"磁贴，单击"网站"磁贴；如果"SharePoint"不可见，单击"全部"按钮。在"SharePoint"页面顶部单击"创建网站"按钮，如图3-83所示。

图 3-83

如果看不到"创建网站"按钮，那么可能是在Microsoft 365中禁用了自助式网站创建，可以与组织中管理Microsoft 365的人员联系以创建通信网站。如果您是租户管理员，可以在SharePoint Online管理中心来管理网站创建功能，为您的组织启用自助式网站创建，或者在新的SharePoint Online管理中心中创建网站。

如果准备将新的通信网站与SharePoint Online中心网站相关联，那么可以首先导航到中心网站，然后单击右上角的"Create site（创建网站）"按钮来简化流程，如图3-84所示。新建的通信网站将自动与该中心网站相关联。

图 3-84

选择"通信网站"，屏幕右侧将显示网站创建向导，用户可在其中输入信息，从而创建团队网站，如图3-85所示。

图 3-85

选择以下其中一个类型设计网站。

主题：共享新闻、事件和其他内容等信息。

展示：以使用照片或图像来展示产品、团队或事件。

空白：创建自己的设计。

为新的通信网站命名，然后在"网站说明"文本框中添加一些文本，让用户知道您的网站的用途，如图3-86所示。

图 3-86

输入网站名后，组电子邮件地址将自动生成与通信网站名称相同的Microsoft 365 组电子邮件。为网站选择语言，如图3-87所示。

图 3-87

单击"完成"按钮,创建您的网站,并将其显示在您正在关注的网站中。

5. 创建经典工作组网站

经典工作组网站的创建需要以管理员的身份进入SharePoint Online管理中心进行。

如果您的SharePoint Online管理员在管理中心把网站创建功能设置为用户可以创建网站,则用户可以在进入SharePoint的页面后单击"创建网站"按钮,创建经典工作组网站。

6. 创建子网站

导航到相应的网站,打开齿轮状的设置下拉菜单,选择"网站内容",单击"新建"按钮,选择"子网站",如图3-88所示。

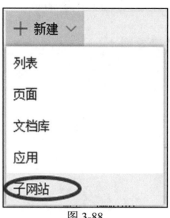

图 3-88

如果没有看到创建子网站选项,那么可能是管理员在SharePoint Online管理中心里面设置隐藏了"子网站"创建命令。

3.4.2 如何删除网站

(1) 删除SharePoint Online团队网站、通信网站。通过进入相应网站，打开齿轮状的设置下拉菜单，在展开的下拉列表中选择"网站信息"，然后在弹出的页面中单击"删除网站"按钮，在弹出的窗口中，选择复选框以删除组，然后单击"删除"按钮，如图3-89、图3-90和图3-91所示。

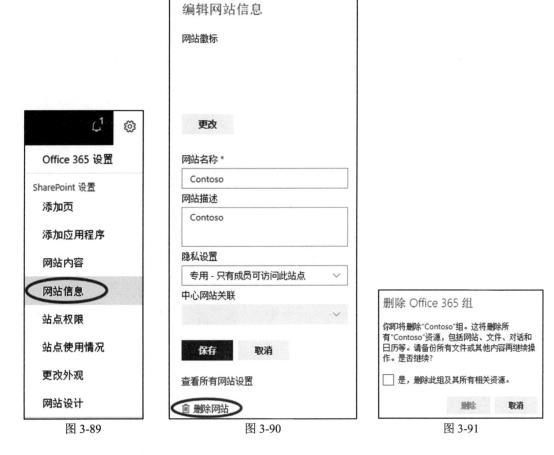

图 3-89　　　　　　　　图 3-90　　　　　　　　图 3-91

(2) 删除SharePoint Online经典工作组网站。删除时需要单击设置下拉菜单中的"网站设置"，在"网站操作"区域选择"删除此网站"，如图3-92和图3-93所示。

图 3-92

图 3-93

在弹出的界面中,单击"删除"按钮,如图3-94所示。

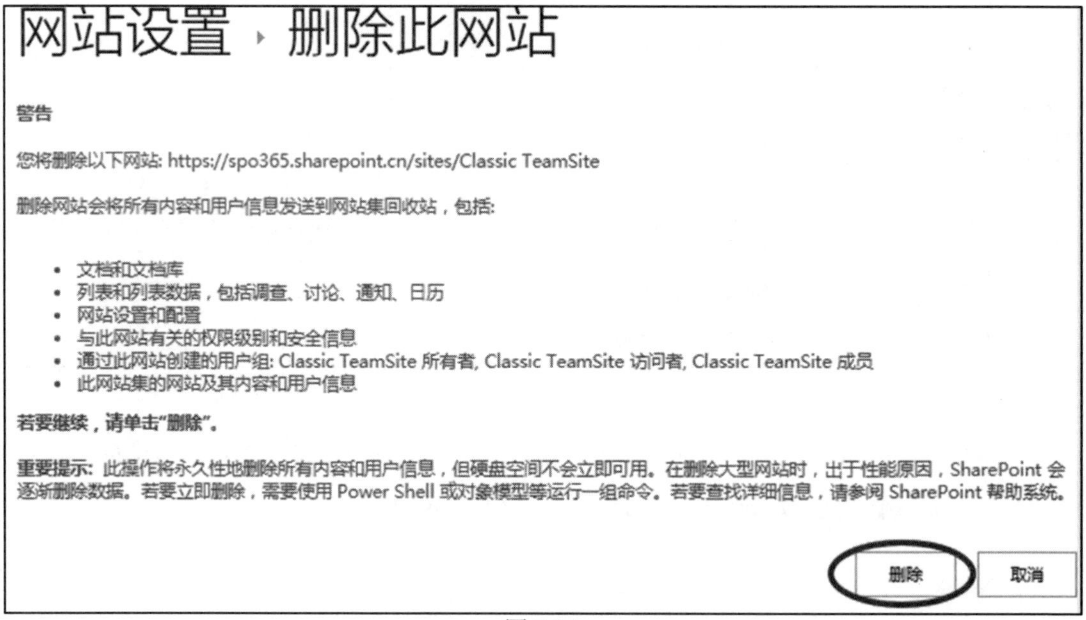

图 3-94

3.5 权限与共享

创建SharePoint站点后，可能需要提供或限制用户对该站点的访问权限。例如，可能需要仅向团队成员提供访问权限；或者可能需要向所有人提供访问权限，但限制某些人的编辑权限。处理权限最简便方法是使用所提供的默认组和权限级别，但是如果需要，可以设置比默认权限级别更细化的自定义权限。接下来介绍不同的权限和权限级别、权限继承，以及不同的共享方式。

3.5.1 权限断开与继承

如果在某个网站中操作，则意味着同时也是在某个网站集内进行操作。每个网站都存在于一个网站集中，网站集是指位于首要网站下的一组网站。首要网站称为网站集的根网站。

以下网站集图显示了一个简单的网站、列表和列表项层次结构，如图3-95所示。

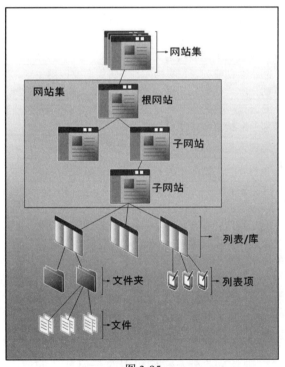

图 3-95

权限继承是一个需要了解的重要概念，按照产品设计，您的租户下的所有网站和网站内容都会继承其根网站或首要网站的权限设置。为网站、库和文档分配独有权限时，这些项不再从父网站继承权限。下面详细介绍权限在层次结构中的工作方式。

- 网站集管理员为整个网站中的首要网站或根网站配置权限。
- 网站所有者可以更改网站的权限设置,从而停止网站从其父网站的权限继承。
- 列表和库会从其所属的网站继承权限。网站所有者可以停止权限继承,并更改列表或库的权限设置。
- 列表项和库文件从其父列表或库继承权限。如果拥有列表或库的控制权限,则可以停止权限继承,并直接在特定项目中更改权限设置。

用户可以通过与不具有访问权限的人员共享文档或项来中断列表项或库文件的默认权限继承。

3.5.2 权限级别

使用默认权限级别,可快速轻松地为一个用户或多个用户组提供常见级别的权限。
SharePoint Online中的默认权限级别如表3-2所示。

表3-2

权限级别	说 明
完全控制	包含所有可用的SharePoint权限。在默认情况下,此权限级别分配给"网站所有者"组。该权限级别不能被自定义编辑或删除
设计	可以在网站上创建列表、文档库、编辑页面及应用主题、边框、样式表。该权限级别不会自动分配给任何SharePoint组
编辑	添加、编辑和删除列表;查看、添加、更新和删除列表项和文档。在默认情况下,此权限级别分配给"网站成员"组
参与讨论	查看、添加、更新和删除列表项和文档
读取	查看现有列表和文档库中的页面、项目和文档,以及下载文档
受限访问	在用户或组没有权限打开或编辑网站或库中任何其他项目的情况下,允许其浏览到网站页面或库以访问特定内容项目。提供对一个特定项目的访问权限时,SharePoint会自动分配此级别。不能直接自行将"受限访问"权限分配给用户或组。分配对单个项目的编辑或打开权限时,SharePoint会自动将"受限访问"分配给其他所需的位置,例如单个项目所在的网站或库,这将允许SharePoint正确呈现用户界面。"受限访问"不向用户额外授予任何其他权限,因此他们无法查看或访问任何其他内容
仅查看	查看网页、项目和文档。可以在浏览器中查看具有服务器端文件处理程序的任何文档,但不能下载。对于没有服务器端文件处理程序的文件类型(其无法在浏览器中打开),例如视频文件、.pdf文件和.png文件,仍然可以下载

除"完全控制"和"受限访问"外,我们可更改任何默认的权限级别,但不建议这样做。下面以满足"让成员能编辑但是不允许删除"这个要求为例,新建一个权限级别,具体步骤如下。

(1)以网站管理员的身份访问相应的SharePoint Online站点。

（2）打开齿轮状的设置下拉菜单，选择"网站设置"|"网站权限"，如图3-96和图3-97所示。

图 3-96

图3-97

（3）在"权限"选项卡中选择"权限级别"，如图3-98所示。

图 3-98

（4）选择"编辑"，进入到"编辑权限"页面，单击页面底部的"复制权限级别"按钮（注意：一定不要在默认的权限级别上更改），如图3-99和图3-100所示。

图 3-99

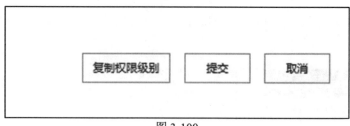

图 3-100

（5）在打开的新页面中，输入自定义权限级别的名称，然后如图3-101所示，取消选择相关选项，并单击底部的"创建"按钮，如图3-101和图3-102所示。

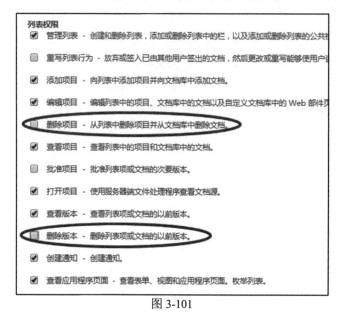

图 3-101

图 3-102

3.5.3　SharePoint 组

权限级别可与SharePoint组结合使用，SharePoint组是一组具有相同权限级别的用户。其使用方式是将相关权限放在一个权限级别中，然后将该权限级别分配给SharePoint组。利用SharePoint组，可以控制用户集而不是单个用户的访问权限。SharePoint组通常由许多个人用户组成，还可以添加Azure Active Directory安全组（在Microsoft 365 或Azure AD中创建），也可以是单个用户和安全组的组合。

在默认情况下，每种SharePoint Online网站都包含特定SharePoint组。例如，工作组网站自动包括"网站所有者""网站成员"和"网站访问者"组。在创建网站时，SharePoint会自动为该网站创建预定义的SharePoint组集合。此外，SharePoint管理员可以定义自定义组和权限级别。

SharePoint Online还默认提供了两个特殊的SharePoint组，包括"除外部用户外的任何人"（适用于中文网站）、"everyone except external users"（适用于英文网站）和"Company Administrator"（中英文网站均适用）。"除外部用户外的任何人"是不会出现在Microsoft 365 管理中心的特殊组，而"Company Administrator"在Azure AD中是一个组角色。"除外部用户外的任何人"包括所有添加到您组织的有许可证的内部用户。"Company Administrator"则包含分配了全局管理员角色的所有用户。

3.5.4　共享的几种方式

SharePoint Online中的内容可以与组织中有许可证的内部用户进行共享，也可以与组织外部的人员进行共享，具体操作根据SharePoint Online共享的内容及被共享的人员的不同而有所不同。

与内部用户共享时，不需要进行额外的配置。若要允许在任何网站上进行外部共享，必须在组织级别允许共享。可以限制其他网站的外部共享。如果网站的外部共享选项与组织级别共享选项不匹配，则将始终应用限制性最高的值。更改组织级别的外部共享设置，需要以全局或SharePoint Online管理员身份登录SharePoint管理中心进行设置。

1．网站共享

如果您是网站所有者，与有许可证的内部用户共享时，可以将内部用户添加为所有者、成员或访问者来授予该网站的访问权限。

与无许可证的外部用户共享，要求外部用户是任意中国版Microsoft 365账号或者Windows Live ID（如user@outlook.com）。

通信网站共享方式具体如下。

以网站管理员身份进入相应的通信网站，选择右上角的"共享网站"，如图3-103所示。

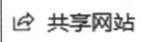

图3-103

在"共享网站"窗格中，输入要添加到网站的人员或组的邮件地址或名称，或输入"除外部用户以外的任何人"以便与组织中的每个人共享网站。根据需要更改权限级别（"读取"、"编辑"或"完全控制"），然后单击"共享"按扭即可，如图3-104所示。

图 3-104

Microsoft 365 组连接的团队网站共享方式具体如下。

打开网站，然后打开齿轮状的设置下拉菜单，选择"网站权限"，如图3-105所示。
选择"邀请用户"，如图3-106所示。

图 3-105　　　　　　　　　　　图 3-106

若要将用户添加到组成员，以便他们可以访问所有组资源，请选择"向组添加成员"，然后选择"添加成员"。若要仅授予用户访问网站的权限，请选择"仅共享网站"。如果要向 Microsoft 365 组添加成员，请单击"保存"按钮；如果仅共享网站，请单击"添加"按钮，

第 3 章 SharePoint Online 网站

如图3-107和图3-108所示。

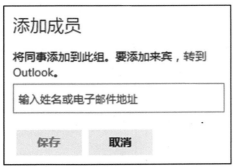

图 3-107

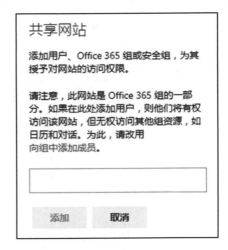

图3-108

经典工作组网站共享方式具体如下。

打开网站，单击右上角的"共享"按钮，如图3-109所示。

图 3-109

输入要添加到网站的人员或组的名称，可以向邀请的人员添加消息。若要选择权限级别或不发送电子邮件邀请，请选择"显示选项"，然后单击"共享"按钮，如图3-110所示。

图 3-110

2. 文件和文件夹共享

存储在SharePoint Online网站上的文件通常可供具有网站权限的每个人使用,但您可能希望与无权访问网站的用户共享特定的文件或文件夹。共享文件和文件夹时,可以决定是让用户编辑还是仅查看。

选择要共享的文件或文件夹,然后单击"共享"按钮,如图3-111所示。

图 3-111

从下拉列表中选择相关选项,以更改链接类型。"链接设置"窗格随即打开,可以在其中更改可访问链接的人员,并决定人员是否可编辑您共享的项目,如图3-112所示。

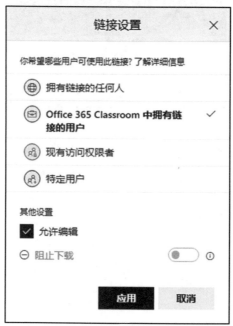

图 3-112

其中第一个选项"拥有链接的任何人",可向收到此链接的任何人授予访问权限,无论他们是直接收到您的链接还是收到其他人转发的链接。第二个选项"<组织> 中拥有链接的人员",可向组织内部中有该链接的任何人授予访问文件的权限,无论他们是直接收到您的链接还是收到其他人转发的链接。第三个选项"现有访问权限者",可用于已有权访问文档或文件夹的人员,如果只想向已有访问权限的人发送链接,请使用此选项。第四个选项"特定用户",可向您指定的人员授予访问权限,如果用户转发共享邀请,那么只有已拥有该项目访问权限的人员才能使用该链接,其他被转发链接的人员没有权限访问。在默认情况下,"允许编辑"处于打开状态。若希望他人仅查看文件,请取消选中该复选框。

注意:

如果"共享"选项显示为灰色,则说明您公司组织的管理员可能已限制共享。

例如,可能会选择禁用"任何人",以防止将可用链接转发给其他人。

确认完成共享链接的选项后,单击"应用"按钮。如有必要,可以输入想要与之共享的人员的邮件地址和一条消息。完成发送链接的准备工作后,单击"发送"按钮。

除了按照以上方式输入被共享者的邮件地址,还可以直接获取可复制的文件或文件夹的链接,并将其粘贴到文本消息或网站上,共享此链接的人员可将该链接转发给他人。在 SharePoint Online 中,选中相应的文件单击"复制链接"按钮,该链接将自动复制到剪贴板,如图3-113所示。

图 3-113

第 4 章　OneDrive for Business

4.1　OneDrive for Business 站点介绍

OneDrive for Business是Microsoft的一项企业级云服务，作为Microsoft 365 云服务的一部分，OneDrive for Business可以帮助您存储、共享和同步您的文件，并使您可以通过任意设备随时随地访问您的数据。

- 随时随地访问

可以使用您的移动设备、Mac、PC或者Web浏览器等在Microsoft 365中安全便捷地存储、访问及共享您的文件。

- 无缝协作

OneDrive for Business与Office无缝集成，借助OneDrive for Business，可以与组织内部或外部的人员共享文件，并使用Word、Excel和PowerPoint在Web、移动端或者Office客户端之间进行安全的实时的协同工作。

- 企业级安全保护

OneDrive for Business遵守最严格的合规标准，通过对传输中的数据及数据中心中的静态数据进行高级加密，帮助保护用户所做的工作及用户数据。

Microsoft还提供了名为OneDrive的另一个个人云存储服务，您可能已经在使用OneDrive个人版在云中存储文档和其他内容了。与个人版不同的是，OneDrive for Business提供的是企业级云服务。

- 账号

OneDrive个人版服务需要您通过Microsoft账户登录进行使用，而OneDrive for Business则需要您使用工作或学校的Microsoft 365账户登录进行使用。

- 空间

当您使用Microsoft 365中的OneDrive for Business服务时，将获得至少1TB的存储空间和高级的OneDrive功能。存储空间的大小与您订阅产品的类型及座席数有关。

- 管理

OneDrive for Business是工作或学校的在线存储。您的OneDrive for Business由您的组织管

理，并允许您与同事共享和协作处理工作文档。您的组织中的网站集管理员可控制您在 OneDrive for Business 库中可以执行的操作。

OneDrive for Business 服务可通过网页端直接访问。

- 使用您的账号，登录至 Microsoft 365 网站，在首页导航栏中单击 OneDrive 图标，导航至 OneDrive for Business 站点，如图 4-1 所示。

图 4-1

- 首次登录 OneDrive for Business 站点时，系统会为您准备您的 OneDrive 站点，如图 4-2 所示。

图 4-2

- 待准备就绪后，您便可以进入您的 OneDrive 站点使用相关的服务，如图 4-3 所示。

图 4-3

- 在 OneDrive for Business 站点中，可以上传您的文档至站点，并选择分享，或者查看组织内其他人与您共享的文件等。接下来，将对 OneDrive for Business 站点的界面进行简单的介绍。

新版OneDrive界面如图4-4所示。界面上主要包含以下内容。

图 4-4

- **文件**：文档界面显示的是您的 OneDrive for Business 站点中的所有个人文件。
- **最近**：可以在"最近"界面中查看您最近打开的文件，以帮助您快速找到需要的文件。
- **已共享**：组织内的其他用户共享给您的文件及文件夹将会显示在"与我共享中"。而您分享给其他用户的文件也将会显示在"我的共享"中。
- **回收站**：当您从 OneDrive 中删除文件时，文件将会移至回收站中，以备您需要时可以进行还原。若在回收站中再次删除，文件将会移至"第二阶段回收站"中。需要注意的是，若从第二回收站中删除，文件将无法还原。从文件被删除开始，您共有 93 天的时间可以将文件从回收站或者第二阶段回收站中还原。
- **共享的库**：若您关注了或者加入了某些 Microsoft 365 组，您将可以在此处直接查看组站点中文档库中的文件等。您也可以通过此处创建带有网站功能的 Microsoft 365 组。
- **搜索所有内容**：如果您需要快速找到某个文件，可以借助搜索工具，输入关键字来快速定位您所需的文件。
- **新建**：新建选项卡用于帮助您在站点中新建 Office Online 文件、文件夹或者链接。Office Online 文件包含 Word 文档、Excel 工作簿、PowerPoint 演示文稿及 OneNote 笔记本。
- **上传**：可以将您本地的文件和文件夹上传至 OneDrive for Business 中存储。需要注意的是，IE 浏览器暂不支持文件夹的上传。另外，您也可以尝试用拖动文件至 OneDrive for Business 的方式来上传文件。
- **同步**：可以将您的 OneDrive for Business 通过 Microsoft OneDrive 同步工具同步至本地计算机中，以方便您管理您的文件。
- **返回经典 OneDrive**：可以通过此按钮切换至经典界面的 OneDrive for Business。
- **视图**：可以选择列表、紧凑列表或者磁贴来当作当前视图。若您使用 IE 浏览器登录至 OneDrive for Business 中，可以在视图中选择"在文件资源管理器中查看"的方式来查看文件。
- **信息**：选中某个文件夹或者文件后，可以通过信息界面来查看此文件或文件夹的访问权限及其他更多详细信息。

经典OneDrive界面如图4-5所示。

经典界面与新版界面主要有以下不同之处。

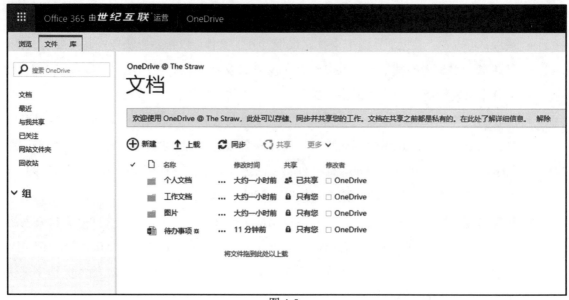

图 4-5

- **与我共享**：经典界面中的"与我共享"仅显示他人共享给您的文件或者文件夹，不会集中显示您共享给他人的文件或者文件夹。
- **已关注**：我们可以针对文档设置关注，以方便快速地找到需要的文件。
- **网站文件夹**：此处可以显示您已关注的站点的文档库中的内容。
- **组**：您在此处可以浏览组织中目前存在的 Microsoft 365 组，并申请加入。或者可以在此直接创建带有网站功能的 Microsoft 365 组。

由于新版页面已是新用户的默认界面，也是推荐使用的界面。所以以下内容中均采用新版界面示意。

4.2　OneDrive 站点的使用

如前文所介绍的一样，我们可以在OneDrive站点中上传、编辑及存储文件。OneDrive站点主页进入主要针对文档库的操作及应用。

除了如何查看共享文件，其余部分和SharePoint网站的操作相似，请参考3.2.3节，这里不再赘述。

如何查看共享文件

可以在左侧的菜单栏中选择"已共享"。在界面右侧的"与我共享"中查看他人共享给您的文件，在"我的共享"中查看您共享给其他人的文件，如图4-6所示。

图 4-6

4.3 权限与共享

OneDrive for Business作为Microsoft 365 的协作平台之一，支持用户向组织内外的其他人员分享个人站点的数据。用户在共享时可以控制其他人员访问数据的权限，并且可以在需要时将权限收回。

关于权限与共享，OneDrive和SharePoint的操作是一样，具体可参考3.5节，这里不再赘述。

4.4 Microsoft OneDrive 客户端

Microsoft OneDrive客户端是用来从服务器中同步Microsoft 365文档库文件至本地的工具。在旧版Microsoft 365中默认包含一个名为OneDrive for Business的同步工具。此工具已不再更新或支持。由于OneDrive客户端已经是Windows 10系统中默认的应用，所以最新版的Microsoft 365中也不带有此应用。

如果其他系统版本的用户需要下载OneDrive进行使用，那么需要到对应的官方网站中进行下载。

4.4.1 Microsoft OneDrive 如何同步

Microsoft OneDrive客户端支持在Windows及MAC系统上运行。此外，Microsoft OneDrive客户端不仅可以同步您的OneDrive文档库，还可以使用此工具同步您SharePoint文档库的文件至本地。

1）在Windows系统中同步OneDrive文档库

- 在 Windows 系统中按照官方地址下载 OneDrive 并安装，如图 4-7 和图 4-8 所示。

图 4-7

图 4-8

- 初次安装完成后，会弹出初始界面，请在此界面中输入您的 Microsoft 365 账号及密码，如图 4-9 所示。

图 4-9

- 如果您已经在使用 OneDrive 了，您需要用鼠标右键单击 Windows 任务栏通知区域中的白色或者蓝色的云图标，然后在"设置"菜单中选择"账户"，并单击"添加账户"按钮，如图 4-10、图 4-11 和图 4-12 所示。

图 4-10

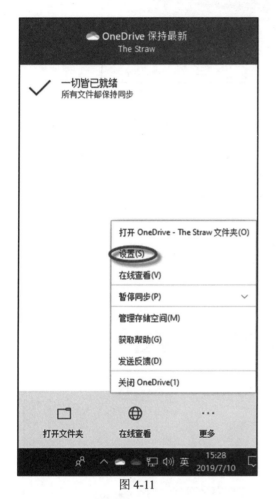

图 4-11

图 4-12

如果您已经使用OneDrive却找不到图标，可能需要单击通知区域旁的"显示隐藏的图标"箭头，才能看到OneDrive图标，如图4-13所示。

图 4-13

如果该图标未在通知区域中显示，OneDrive可能并未运行。单击"开始"图标，在搜索框中输入"OneDrive"，然后在搜索结果中单击"OneDrive"图标，如图4-14所示。

图 4-14

- 验证通过后，OneDrive 将会开始进行同步的设置。在设置界面中，我们可以针对本地存储 OneDrive 数据的位置进行变更。存储的默认位置在 C 盘中，一旦选中将无法变更。如果需要变更存储位置，则需要断开链接重新同步，如图 4-15 所示。

图 4-15

- 其次，我们可以选择需要同步的内容进行同步，而不必同步云端所有的文件至本地，如图 4-16 所示。

第 4 章　OneDrive for Business

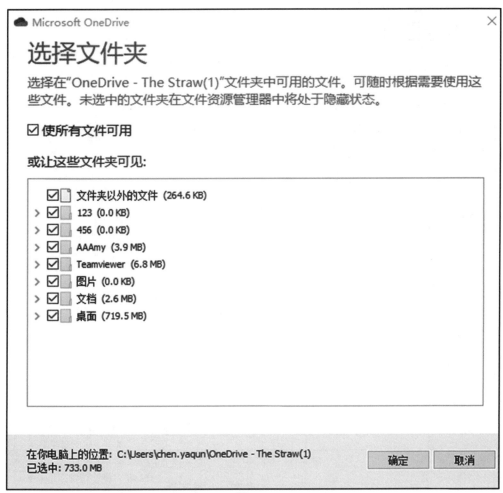

图 4-16

- 完成上述设置后，OneDrive 便完成链接的建立，开始同步，如图 4-17 所示。

图 4-17

2）在 MAC 系统中同步 OneDrive 文档库

- 可以通过官方链接下载 OneDrive 或者在 MacOS 的应用商店中下载并安装 OneDrive，如图 4-18 所示。

图 4-18

- 下载完成以后按照提示完成安装，如图 4-19、图 4-20 和图 4-21 所示。

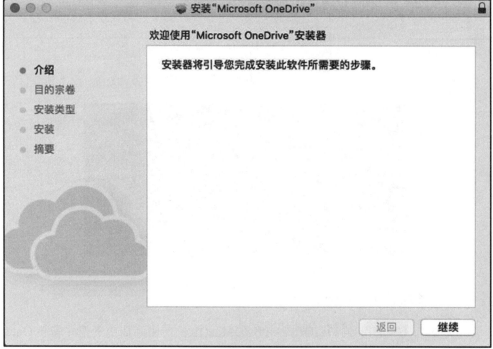

图 4-19

图 4-20

图 4-21

- 初次完成安装后,启动 Microsoft OneDrive,在启动界面输入您 Microsoft 365 的账号及密码,如图 4-22 和图 4-23 所示。

图 4-22

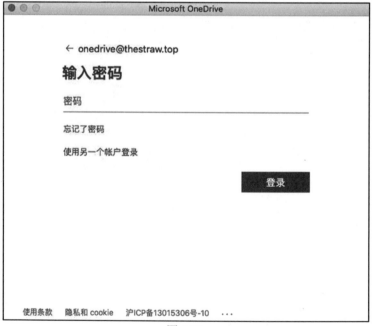

图 4-23

- 如果您已经在使用 OneDrive,您需要用鼠标右键单击右上方 MacOS 任务栏通知区域中的云图标,选择"首选项"|"账户",然后单击"添加账户"按钮,如图 4-24、图

4-25 和图 4-26 所示。

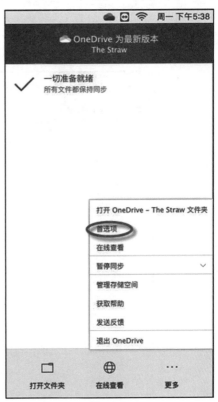

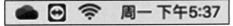

图 4-24

图 4-25

图 4-26

- 验证通过后，OneDrive 将会开始进行同步的设置。在设置界面中，我们可以针对本地存储 OneDrive 数据的位置进行变更。存储的默认位置一旦选中将无法变更。如果需要变更存储位置，则需要断开链接重新同步，如图 4-27 所示。

图 4-27

- 然后可以选择需要同步的内容进行同步，而不必同步云端所有的文件至本地，如图 4-28 所示。

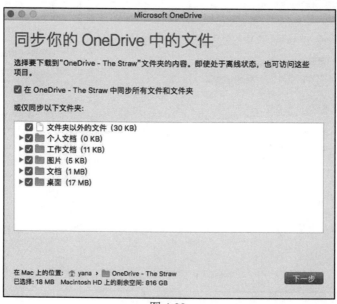

图 4-28

- 完成以上设置后，您就完成了配置过程，可以在本地文件夹中管理及查看您的文件了，如图 4-29 所示。

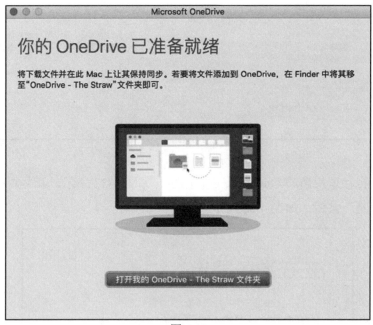

图 4-29

3）在 Windows 系统中同步 SharePoint 文档库

- 在网页端打开您的 SharePoint 站点中的文档库，如图 4-30 所示。

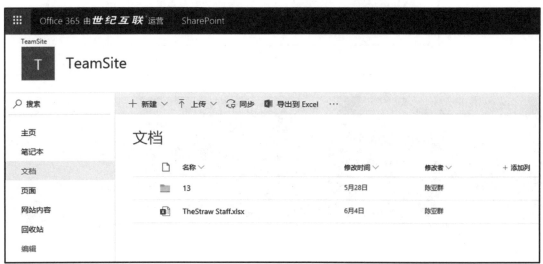

图 4-30

- 找到文档库上方的菜单栏，单击"同步"按钮，如图 4-31 所示。

图 4-31　同步

- 浏览器会自动调用您的 OneDrive 进行同步，如图 4-32 所示。在是否要切换应用的界面单击"是"按钮，如图 4-33 所示。

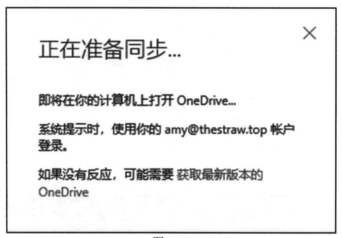

图 4-32

图 4-33

- 切换应用后，请在弹出的界面中输入您同步的凭据。如果您已经用使用相同凭据同步了其他的库，那么将不用再次进行凭据的验证，如图 4-34 和图 4-35 所示。

图 4-34

图 4-35

- 以上，便完成了使用 OneDrive 客户端同步 SharePoint 文档库，如图 4-36 所示。

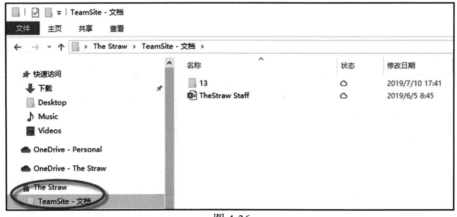

图 4-36

4）在MAC系统中同步SharePoint文档库

- 在网页端打开您的SharePoint站点中的文档库，如图4-37所示。

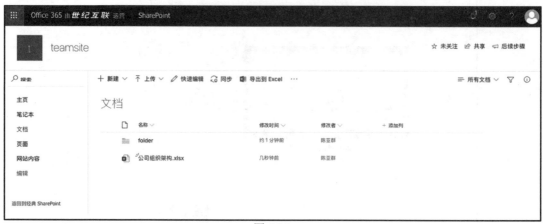

图 4-37

- 找到文档库上方的菜单栏，单击"同步"按钮，如图4-38所示。

图 4-38

- 浏览器会自动调用您的OneDrive进行同步。在准备同步的界面上弹出的对话框中单击"允许"按钮，如图4-39所示。

图 4-39

- 切换应用后，请在弹出的界面中输入您同步的凭据。如果您已经使用相同凭据同步了其他的库，那么将不用再次进行凭据的验证，如图 4-40 所示。

图 4-40

- 可以选择需要同步的文件夹，然后单击"开始同步"按钮，会看到正在同步中的提示，如图 4-41 和图 4-42 所示。

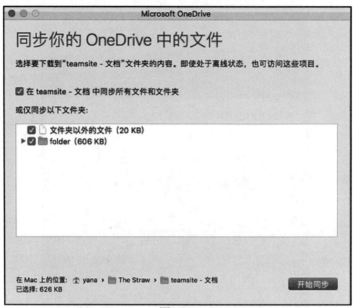

图 4-41

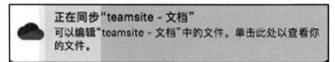

图 4-42

- 以上，便完成了使用 OneDrive 客户端同步 SharePoint 文档库，如图 4-43 所示。

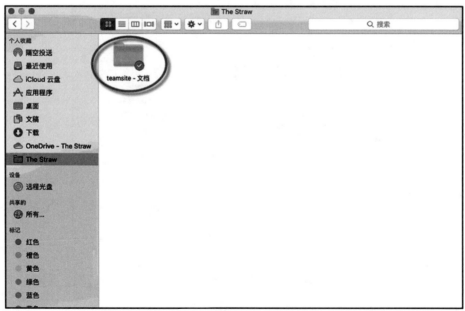

图 4-43

4.4.2 如何在 Windows 中使用 Microsoft OneDrive

当我们使用Microsoft OneDrive客户端完成同步后，我们还可以使用OneDrive客户端在本地文件资源管理器中管理我们的文件。

1）新增文件

可以直接路由到OneDrive同步的盘符中，用鼠标右键在空白页面单击并新建文件，如图4-44所示。

图 4-44

或者可以通过复制和拖动的方式将文件复制到OneDrive当中，如图4-45所示。

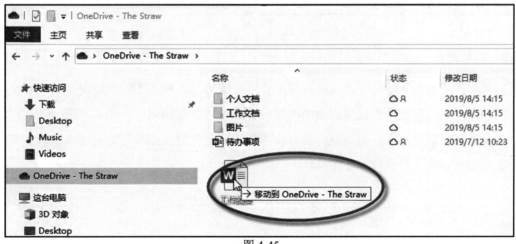

图 4-45

当文件成功出现在OneDrive路径下,并且同步状态正常,文件将会自动同步到云端服务器中,以保证本地与云端均保持最新状态。

2)删除文件

可以直接选中文件,用鼠标右键打开快捷菜单,选择"删除"即可,如图4-46所示。

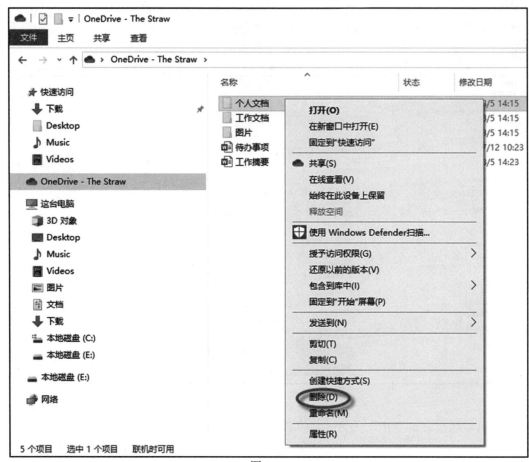

图 4-46

3)编辑文件

如果您需要编辑文件,可以直接打开文件进行编辑。在同步正常的情况下,您的文件在保存后会直接上传到云端。如果您使用的是Microsoft 365订阅中包含的客户端,那么在编辑的时候会默认开启自动保存的功能,后台将在您变更文件时直接将最新的版本上传至云端,而不需您每次手动进行保存,如图4-47所示。

图 4-47

注意：

使用 Office 客户端编辑 OneDrive 中的文件时，需要您在 Office 客户端中也登录同样的 Microsoft 365 账号，否则在您打开文件的时候将会要求您进行身份验证，验证成功后才可以进行编辑。

4）共享文件

可以单击鼠标右键，打开快捷菜单，选择共享方式，输入分享地址，进行文件的共享，如图4-48所示。

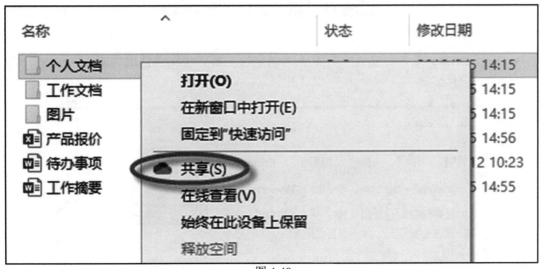

图 4-48

5）选择同步的文件夹

在首次同步时，我们可以选择需要同步到本地的文件夹。当完成同步建立以后，我们可以通过OneDrive的设置来变更需要同步的文件夹。

- 在右侧状态栏中找到 OneDrive 图标并单击鼠标右键，打开快捷菜单，选择"设置"，如图 4-49 所示。

图 4-49

- 在设置中找到账户，在同步的账户 OneDrive 右侧，单击蓝色的"选择文件夹"链接，如图 4-50 所示。

图 4-50

- 在选择文件夹的界面，可以取消选择相应的文件，来控制 OneDrive 不再同步此文件夹到本地，如图 4-51 所示。

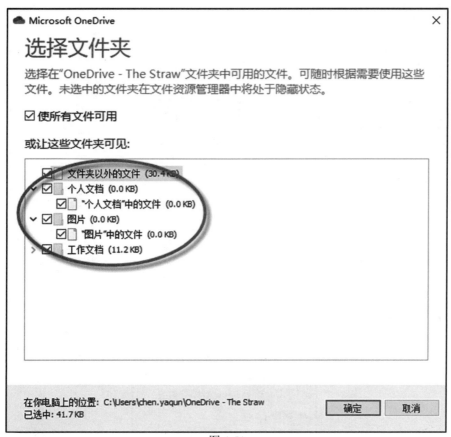

图 4-51

6）按需同步

Windows 10（版本为16299.15或者更高版本），支持一个名为"按需同步"的功能。可以在Windows 10的设置中，查看操作系统版本，如图4-52所示。

在较早的版本中，当我们选择了同步的文件夹后，这些文件夹及其中的内容将会全部下载到本地，同时占云端的存储空间及本地的磁盘空间。云端的存储空间一般至少为1TB，但用户的本地空间可能没有这么大，同步将会造成用户本地磁盘空间不够用。

为了解决此问题，OneDrive新增了此功能，开启此功能后，您选择同步的文件及文件夹将会以目录的形式显示在本地，而不必下载到本地，从而节约了您本地磁盘的空间。

- 在右侧状态栏中找到 OneDrive 图标，单击鼠标右键，打开快捷菜单，选择"设置"，如图 4-53 所示。

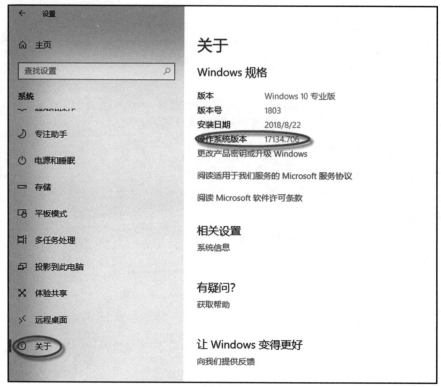

图 4-52

图 4-53

- 在设置界面中找到"文件随选"区域，可以通过选择或者取消选择来控制是否开启此功能。一般默认为开启，如图 4-54 所示。

第 4 章　OneDrive for Business

图 4-54

在此功能开启的状态下，文件的状态图标将存在多种类型，并可以通过操作进行更改。

- 在默认情况下，文件的状态均为"☁"，均为"联机可用"的状态。
- 在您需要使用此文件的时候，可以在联网的状态下双击打开从而触发下载，此时文件的状态图标将会从"☁"变更为"✓"。这意味着这个文件将可以脱机可用。
- 当您不再需要此文件时，可以单击鼠标右键，打开快捷菜单，选择"释放空间"，完成后，文件的状态图标将变回"☁"，成为联机时可用的状态，如图 4-55 所示。

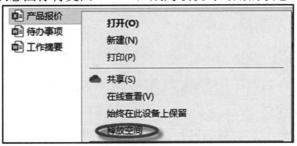

图 4-55

- 如果有些文件，您需要保持脱机可用，可以单击鼠标右键，打开快捷菜单，选择"始终在此设备上保留"，文件的状态图标将变为"✓"，如图 4-56 所示。

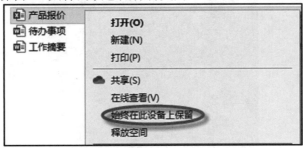

图 4-56

更多有关状态的对比说明，如表 4-1 所示。

表 4-1

状态图标	状　态	说　明
☁	联机时可用	OneDrive 文件或文件夹旁边的蓝色云图标表示该文件仅可联机使用。仅联机文件不占用计算机上的空间。文件资源管理器中的每个仅联机文件均有一个云图标，但文件在打开前不会下载到设备。当设备未连接到 Internet 时，将无法打开仅联机文件
⊘	在此设备上可用	打开仅联机文件时，它将下载到您的设备，并成为本地可用的文件。即使没有 Internet 访问，也可随时打开本地可用的文件。如果需要更多空间，可将文件状态更改回仅联机。用鼠标右键单击文件，然后选择"释放空间"即可 打开存储感知后（Windows 10 中的一个功能，可以通过设置，系统，存储中开启），这些文件将在您选择的时间段后变为仅联机文件
✓	始终在此设备上可用	只有标记为"始终在此设备上保留"的文件具有带白色勾号的绿色圆圈。这些始终可用的文件将下载到您的设备中并占用空间，但它们即使在您处于脱机状态也始终可用

注意：

　　此功能是针对设备开启的，如果您同时在其他设备上同步 OneDrive 并需要此功能时，请在该设备上开启此功能。

　　另外针对"在此设备上可用"与"始终在此设备上可用"的状态区别是，当您在 Windows 10 系统中开启"存储感知"后，在存储感知的条件时，状态为"在此设备上可用"的文件将会被移除，用以释放磁盘空间。

　　"存储感知"的功能一般为默认开启，可以手动更改起相关配置或者手动释放空间，参考以下步骤。

- 在"开始"菜单中打开齿轮状的设置下拉菜单，如图4-57所示。

图 4-57

- 单击"设置"页面中的"系统"图标,如图4-58所示。

图 4-58

- 选择"存储",如图4-59所示。

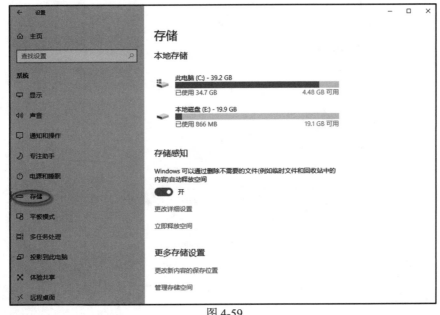

图 4-59

- 可以通过开关来控制"存储感知"的功能,如图4-60所示。

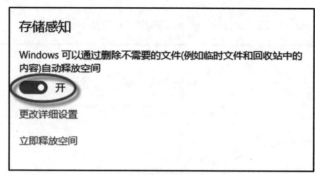

图 4-60

- 可以通过"更改详细设置"来更改相关的设置,如图4-61和图4-62所示。

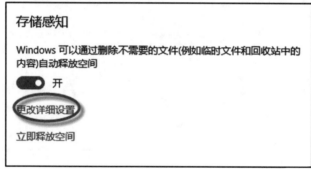

图 4-61

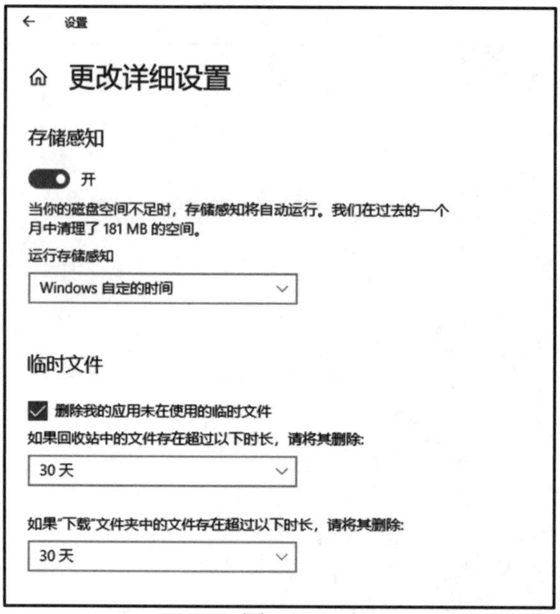

图 4-62

- 也可以通过"立即释放空间"来手动释放OneDrive文件所占用的空间,如图4-63和图4-64所示。

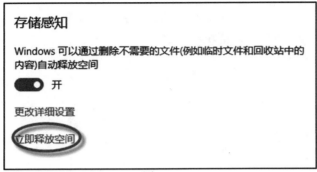

图 4-63

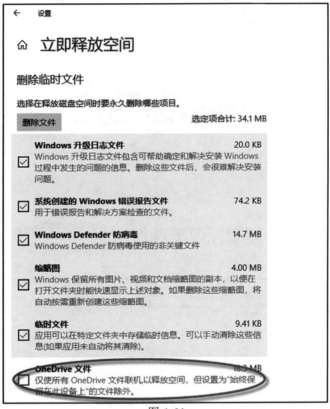

图 4-64

7) 备份功能

可以使用OneDrive备份计算机上的重要文件夹（桌面、文档和图片文件夹），以便可以在任意设备上使用这些文件。

此功能默认为关闭的状态，如果您需要开启此功能，请通过以下步骤进行。

- 在状态栏中找到OneDrive图标，单击鼠标右键，打开快捷菜单，如图4-65所示。
- 选择"设置"｜"备份"，单击"管理备份"按钮，如图 4-66 所示。选择"桌面"｜"图片"｜"文档"，然后单击"开始备份"按钮，如图 4-67 所示。

图 4-65

图 4-66

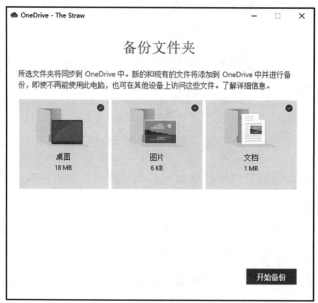

图 4-67

注意：您的OneDrive存储的位置需要与这些重要文件夹存储的位置在相同的盘符下，才能成功开启此功能。例如，桌面、文档和图片文件夹默认在C盘中，那么您的OneDrive文件在同步时选择的位置必须为C盘。如果您选择了其他的盘符，此功能将无法正常开启。当然，如果您通过修改注册表或者其他方式将默认的桌面、文档和图片文件夹指向其他盘符的文件夹，那么只要OneDrive同步也在此盘符中即可成功开启此功能。

- 在备份文件的界面单击"开始备份"按钮，OneDrive 将设置备份文件夹，如图 4-68 所示。

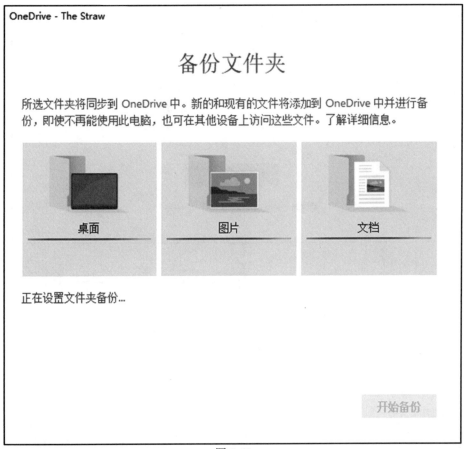

图 4-68

- 完成备份后，会收到提示，并可以单击"查看同步进度"按钮，查看文件上传的情况，如图 4-69 所示。

图 4-69

- 当上传完成后,我们可以看到,这三个文件夹中的文件全部有了状态栏,是处于同步中的文件,如图 4-70、图 4-71 和图 4-72 所示。

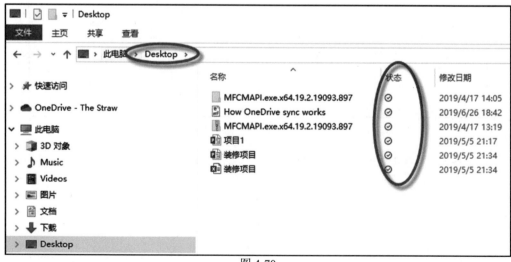

图 4-70

第 4 章 OneDrive for Business

图 4-71

图 4-72

- 此时，您的云端将会多三个文件夹，如图 4-73 所示。

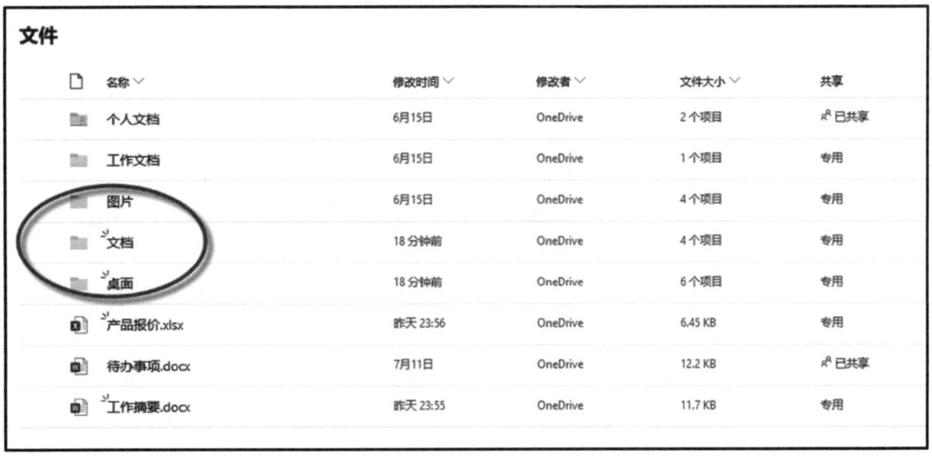

图 4-73

这里需要说明的是，如果您在备份前已经拥有了同名的文件夹，那么系统将会合并两个文件夹中的内容。如图4-73中的"图片"文件夹实际上是一开始由用户手动创建的，而不是从本地上传到其中的。

- 当您不再需要此备份功能时，可以在设置的备份中分别对桌面、图片和文档文件夹进行停止备份，如图 4-74 和图 4-75 所示。

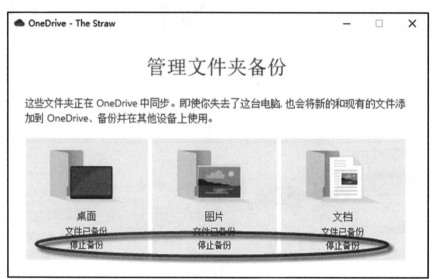

图 4-74

图 4-75

- 停止备份后，如果想重新开启备份，在"设置"菜单中选择"管理文件夹备份"，在打开的页面选中未开启备份的文件夹，单击"开始备份"按钮即可，如图 4-76 所示。

第 4 章　OneDrive for Business

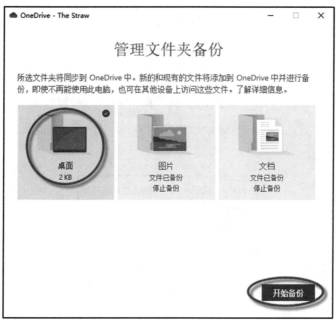

图 4-76

注意：

停止备份后，在本地磁盘除应用外的文件及文件夹将会被移除，但在云端文件夹中仍然存在。并且，在停止备份后，您所停止的文件夹中将会出现这样一个图标，双击该图标可以在 OneDrive 中找到您原本备份的文件，如图 4-77 和图 4-78 所示。

图 4-77

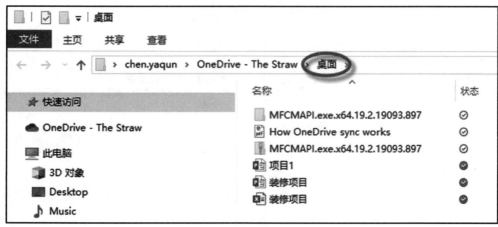

图 4-78

需要提醒您的是，备份的功能仅能在一台设备上开启，如果在开启的状态下断开链接后再重新链接，设置不会变更。

8）断开同步

当您不需要再同步OneDrive到您的设备时，可以通过账号设置断开同步。

- 在状态栏中找到 OneDrive 图标并单击鼠标右键，打开快捷菜单，选择"设置"，如图4-79 所示。

图 4-79

- 在设置中，找到账户，单击"停止同步"链接，然后单击"取消链接账户"按钮，如图 4-80 和图 4-81 所示。

图 4-80

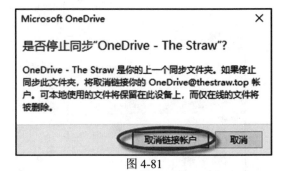

图 4-81

- 停止同步后，状态为"此设备上可用"及"始终在此设备上可用"的文件将会保留在本地，状态为"联机可用"的文件，将不再显示。此文件夹也会变成本地普通文件夹，如图 4-82 所示。

图 4-82

- 如果您在后续需要重新同步，可以直接添加账号，选择原本的同步位置，OneDrive 将会合并云端与此文件夹的内容，如图 4-83 所示。

图 4-83

4.4.3 如何在 MacOS 中使用 Microsoft OneDrive

1）新增文件

可以直接将文件复制或者拖动到OneDrive同步的盘符中，如图4-84所示。

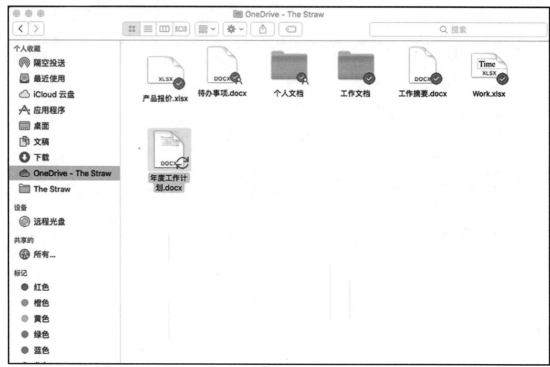

图 4-84

也可以打开 Office 应用程序,在完成编辑后直接将文件保存至 OneDrive 中,如图 4-85 所示。

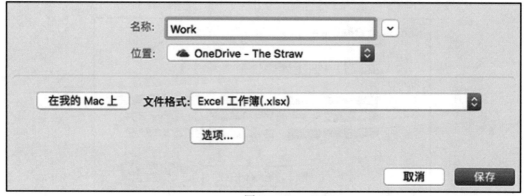

图 4-85

2)删除文件

可以选中文件,单击鼠标右键,打开快捷菜单,将文件移到废纸篓中即可,如图 4-86 所示。

第 4 章 OneDrive for Business

图 4-86

3）编辑文件

双击打开文件，可以直接编辑文件。在同步正常的情况下，文件在保存后会直接上传到云端。如果您使用的是 Microsoft 365 订阅中包含的客户端，那么在编辑的时候会默认开启自动保存的功能，后台将在您变更文件时直接将最新的版本上传至云端，而不需您每次手动保存，如图 4-87 所示。

图 4-87

4）共享文件

可以选中文件，单击鼠标右键，打开快捷菜单，选择"共享"，输入对方的邮件地址，进行文件的共享，如图 4-88 和图 4-89 所示。

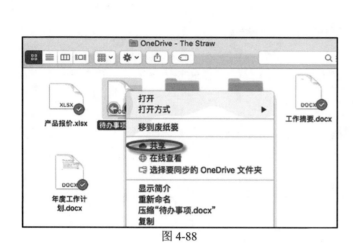

图 4-88　　　　　　　　　　　　　图 4-89

5）选择同步文件夹

可以用鼠标右键单击OneDrive同步路径中的空白处，打开快捷菜单，选择"选择要同步的OneDrive文件夹"，如图4-90所示。

图 4-90

用鼠标右键单击OneDrive图标，打开快捷菜单，单击"首选项"按钮，在账户中找到同步的账号，并单击"选择文件夹"按钮，选择同步文件，如图4-91所示。

第 4 章 OneDrive for Business

图 4-91

6）断开同步

当您不再需要同步OneDrive到您的设备时，我们可以通过账号设置断开同步。

- 在状态栏中找到OneDrive图标，单击鼠标右键，打开快捷菜单，选择"首选项"，如图4-92所示。

图 4-92

- 在设置中找到账户，单击"停止同步"按钮，然后单击"取消链接账户"按钮，如图

• 135 •

4-93 和图 4-94 所示。

图 4-93

图 4-94

- 停止同步后，这些文件的副本将会保留在您的计算机中，如图4-95所示。

图 4-95

- 如果您在后续需要重新同步，可以直接添加账号，选择原本的同步位置，OneDrive将会合并云端与此文件夹内的内容，如图4-96所示。

图 4-96

4.4.4 重置 Microsoft OneDrive

在使用OneDrive同步时，有时会出现一些同步问题，我们最常见的排查步骤及解决办法是重置OneDrive。此方法将会重置所有OneDrive的设置，并在重置后执行完全同步，具体步骤如下。

1）在Windows中重置OneDrive

- 在计算机中同时按 Windows 徽标键 "⊞" 和 R 键打开 "运行" 对话框，如图 4-97 所示。

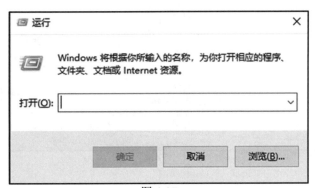

图 4-97

- 输入%localappdata%\Microsoft\oneDrive\OneDrive.exe /reset 并单击 "确定" 按钮，如图 4-98 所示。

图 4-98

- 重新启动OneDrive，它将重新执行完全同步。

2）重置OneDrive

- 在"应用程序"文件夹中查找到"OneDrive"，并用鼠标右键单击OneDrive图标，在快捷菜单中选择"显示包内容"，如图4-99所示。

图4-99

- 浏览"内容"，在"资源"文件夹中，双击"ResetOneDriveApp.command"或者"ResetOneDriveAppStandalone.command"，然后会弹出Command窗口，自动运行命令至完成，如图4-100和图4-101所示。
- 再次重启OneDrive完成重置过程即可。

注意：

重置OneDrive将会断开所有现有的同步连接然后重新链接。在计算机上重置OneDrive不会丢失文件或者数据。

第 4 章 OneDrive for Business

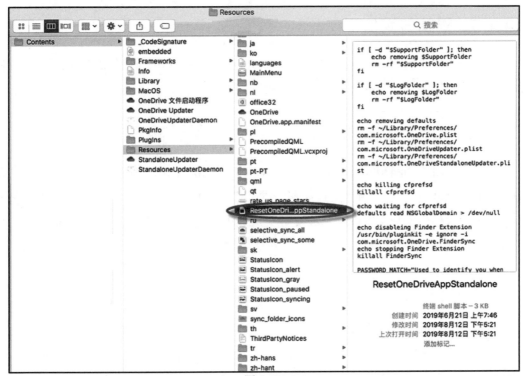

图 4-100

图 4-101

4.4.5 限制与阈值

在使用OneDrive for Business服务及Microsoft OneDrive客户端时，产品本身会存在一些阈值和限制，此节将为大家介绍一些较常见的限制，以供我们更好地了解产品特性，并结合自身需求更好地使用它。

1）文件及文件夹名中的无效字符

某些字符在用于OneDrive、SharePoint、Windows和MacOS中的文件名时具有特殊含义，例如，表示通配符的"*"和用于文件名路径的"\"。如果要尝试上传到OneDrive的文件或文件夹名称中包含任何下列字符，文件或文件夹可能无法同步。上传前，请重命名文件及文件夹或者删除这些字符：

"*: <>?　/\|

2）无效文件名及文件夹名

OneDrive for Business服务中的文件或文件夹不允许使用以下名称：

lock、CON、PRN、AUX、NUL、COM0 - COM9、LPT0 - LPT9、_vti_、desktop.ini、~$

此外，不能在SharePoint Online中创建以波形符"~"开头的文件夹名称。

3）无效或者受阻止的文件类型

OneDrive for Business中没有受阻止的文件类型。

4）同步位置

您不能添加一个网络或者映射驱动器作为您的OneDrive for Business的同步位置。

5）上传文件大小

单个上传文件大小为100GB。

6）文件名和路径长度

对于OneDrive for Business和SharePoint Online，整个路径（包括文件名）包含的字符必须少于400个。如果超过此限制，将收到错误消息。

7）缩略图和预览

大于100 MB的图像不能生成缩略图，大于100 MB的文件不能生成PDF预览。

8）以同步的项目数

虽然SharePoint Online每个库可以存储30万个文档，建议您在所有文档库中不同时同步超过30万个文件，以获得最佳性能。如果您有多于30万个的项目在多个库中以待同步，即使不是所有项目都在这些库中同步，也会出现性能问题。当您的OneDrive库中的文件超过30万个

第 4 章 OneDrive for Business

时，也会出现明显的性能下载，可以通过在OneDrive中新建文档库的方式来同步多个库。

4.4.6 常见的 Microsoft OneDrive 同步报错和解决办法

1）OneDrive卡在"正在处理更改"

如果OneDrive显示"正在处理更改"的时间很长，这可能是因为您有联机文件打开、大量文件在队列中，或者文件同步非常大，如图4-102所示。

图 4-102

针对此种情况，可以尝试：

- 暂停OneDrive同步然后恢复同步来解决。

如果一直处于"正在处理更改"状态，则可使用Windows任务管理器停止OneDrive同步进程。

- 按Ctrl、Alt和Del组合键，或用鼠标右键单击Windows任务栏，选择"任务管理器"，如图4-103所示。
- 单击"详细信息"按钮，打开应用或后台进程的列表，如图4-104所示。

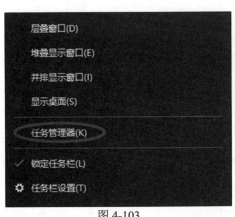

图 4-103

图 4-104

- 用鼠标右键单击Microsoft OneDrive的所有示例，在弹出的快捷菜单中选择"结束任务"，如图4-105所示。

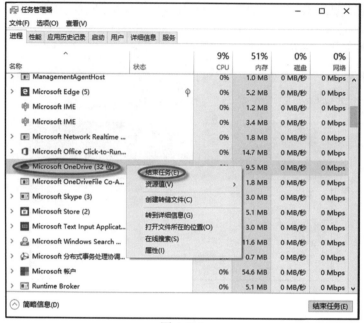

图 4-105

- 然后重新打开OneDrive再次进行同步。
- 尝试关闭代理设置。

可以尝试关闭浏览器中的代理设置来避免其影响OneDrive同步。以下以IE浏览器和Edge浏览器为例说明。

Microsoft Edge

- 打开"开始"菜单单击齿轮状的设置按钮，如图4-106所示。

图 4-106

- 选择"网络和Internet",如图4-107所示,然后在左侧底部选择"代理"。

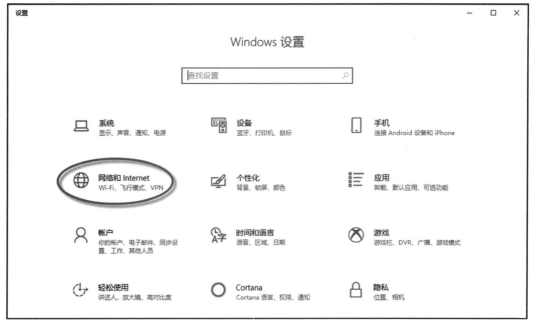

图 4-107

- 在"自动代理设置"页中,通过滑动到"关"来关闭自动检测设置、使用设置脚本两个选项,如图4-108所示。

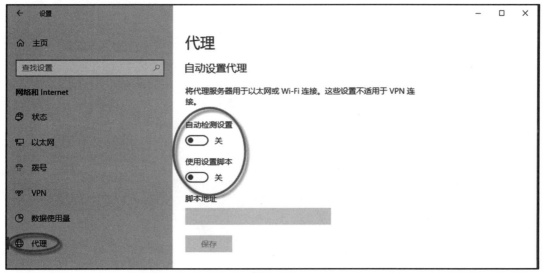

图 4-108

- 可在"手动代理设置"中选择使用代理服务器。该服务器通常关闭,若将其滑动到"开",请确保选择"保存"按扭。如果打开前其默认关闭,请确保在使用后将其滑动到"关",如图 4-109 所示。

图 4-109

IE 11

- 在IE浏览器中选择"工具"中的"Internet选项",如图4-110所示。
- 在"连接"选项卡中单击"局域网设置"按钮,如图4-111所示。

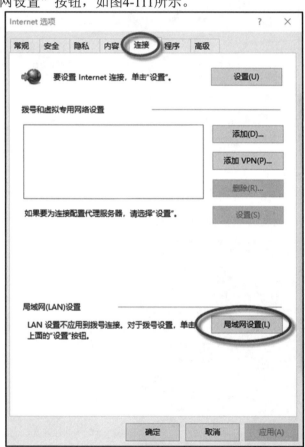

图 4-110   图 4-111

- 在代理服务器下,取消选择"为 LAN 使用代理服务器(这些设置不用于拨号或 VPN 连接)",如图 4-112 所示。

第 4 章 OneDrive for Business

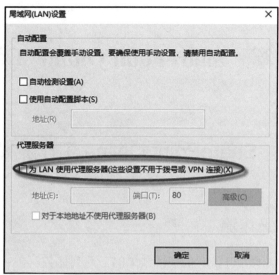

图 4-112

- 单击"确定"按钮，以保存更改。
- 尝试暂时关闭防病毒软件及防火墙，以防止相关设置影响同步工作。
- 重置OneDrive，可以参考4.4.4节中的步骤。

2）登录OneDrive出现0x8004deed报错

报错信息如图4-113所示。

图 4-113

原因及解决方案：原因是由于用户的网页版OneDrive从来没有登录初始化过，在OneDrive网页版登录初始化之后，问题得以解决。

第 5 章 SharePoint Online 工作流

5.1 SharePoint Online 工作流概述

5.1.1 什么是工作流

我们有时将工作流描述为可以产生某种结果的一系列任务。在SharePoint Online产品中，工作流的狭义的定义是：根据与业务流程相关联的操作和任务的顺序所进行的文档或项目的自动转移。利用工作流，组织可以通过将业务逻辑附加到SharePoint Online的列表或项目中来统一管理组织内的常见业务流程。业务逻辑主要是指能够指定和控制对文档或项目执行操作的一组说明。

通过管理并跟踪常见业务流程（例如，项目审批或文档审阅）中涉及的人力任务，工作流可以减少协调这些流程所需的成本和时间。

示例：在SharePoint Online网站中，可以将工作流添加到文档库中，从而使文档能够传送给一组人员进行审批。当文档作者启用文档编辑时，该工作流会创建文档审批任务，并将其分配给工作流参与者，然后将带有任务说明和指向待审批文档的链接的电子邮件通知发送给这些参与者。在工作流执行过程中，工作流所有者（在这里指文档作者）或工作流参与者可以检查"工作流状态"，以查看哪些参与者已完成其工作流任务。当工作流参与者完成其工作流任务后，工作流随即结束，并自动通知工作流所有者工作流已完成。

这个例子中审批工作流的操作步骤如图5-1所示。

工作流不仅支持现有的人工工作流程，而且加强了人员协作，扩展了使用列表和库的方式。网站用户可以通过SharePoint Online列表或库中的项目访问自定义表单来启动和参与工作流。另外，SharePoint Online产品中的工作流与Microsoft Office 2013/2016无缝集成，可以在这两个产品中执行多种工作流任务：

- 查看可用于文档或项目的工作流列表。
- 针对文档或项目启动工作流。
- 查看、编辑或重新分配工作流任务。
- 完成工作流任务。

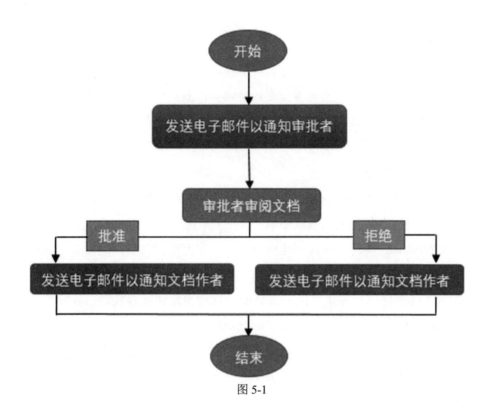

图 5-1

5.1.2 工作流的优点

通过对SharePoint Online网站中的文档和项目实施业务流程，工作流有助于人们协作处理文档和管理项目任务。工作流可帮助组织遵循一致的业务流程，还通过管理业务流程中涉及的任务和步骤，提高组织效率和生产率。这样，执行这些任务的人员就可以专注于工作，而不用考虑工作流的管理。

5.1.3 SharePoint 工作流 2010 和 2013

SharePoint 2010工作流平台是基于Windows Workflow Foundation 3.5（WF3.5）构建的，而SharePoint 2013工作流平台是基于Windows Workflow Foundation 4.0（WF4.0），已经重新设计了。新的工作流平台最明显的功能就是使用Microsoft Azure作为工作流执行主机，工作流执行引擎现在位于Microsoft Azure中，但独立于Microsoft 365和SharePoint Server 2013。

当您在SharePoint Online中构建工作流时有两种平台类型可以选择：SharePoint 2010工作流和SharePoint 2013工作流。中国版Micosoft 365不支持Workflow 2010平台，因此工作流只能选择Workflow 2013平台。

5.1.4 自定义工作流

组织会选择设计和开发适用于组织中业务流程的定制化的工作流。根据业务流程的需求，工作流可以简单，也可以复杂。开发人员可以创建由网站的使用人员启动的工作流，也可以创建根据事件（例如当创建或更改列表项目时）自动启动的工作流。如果您的组织已开发并部署了自定义工作流，那么这些工作流可以与上述内置工作流共同使用，也可以替代这些工作流。

创建自定义工作流的方式有两种：

（1）高级用户可以使用Microsoft SharePoint Designer 2013和Office Visio 2013/2016来设计无代码的工作流，以用在特定列表或库中。

SharePoint Designer 2013工作流创建自可用的工作流活动列表，创建工作流的人员可以直接将工作流部署到使用工作流的列表或文档库中。SharePoint Designer 2013还可以与Visio 2013/2016 配合工作来提供可视工作流开发体验，以使用形状和连接线构建图表。也可以将工作流从Visio 2013/2016导入到SharePoint Designer2013中，反之亦然。

（2）专业的软件开发人员可使用Visual Studio 2012或更高版本创建工作流。

这些工作流包含自定义代码和工作流活动。专业开发人员创建自定义工作流之后，服务器管理员可将这些工作流部署在多个网站上。

5.2 如何在 SharePoint Online 网站中创建一个审批文件的工作流

5.2.1 管理员创建文档审批库，并设置它需要进行内容审批

（1）管理员登录SharePoint Online网站，打开齿轮状的设置下拉菜单，选择"添加应用程序"，如图5-2所示。

（2）选择"文档库"，命名为"文档审批库"，单击"创建"按钮，如图5-3所示。

第 5 章　SharePoint Online 工作流

图 5-2

图 5-3

（3）打开刚刚创建的文档审批库，打开齿轮状的设置下拉菜单，选择"库设置"，如图5-4所示。

图 5-4

（4）选择"常规设置"下的"版本控制设置"，如图5-5所示。

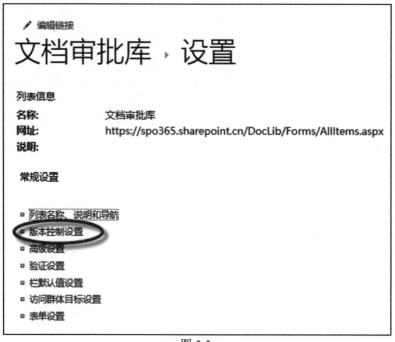

图 5-5

（5）在"内容审批"区域，选择"提交的项目是否需要内容审批？"为"是"。并确保在"草稿项目安全性"区域，选择"哪些用户可查看此文档库中的草稿项目？"为"仅限可批准项目的用户（以及该项目的作者）"，然后单击底部的"确定"按钮，即可完成内容审批设置，如图5-6所示。

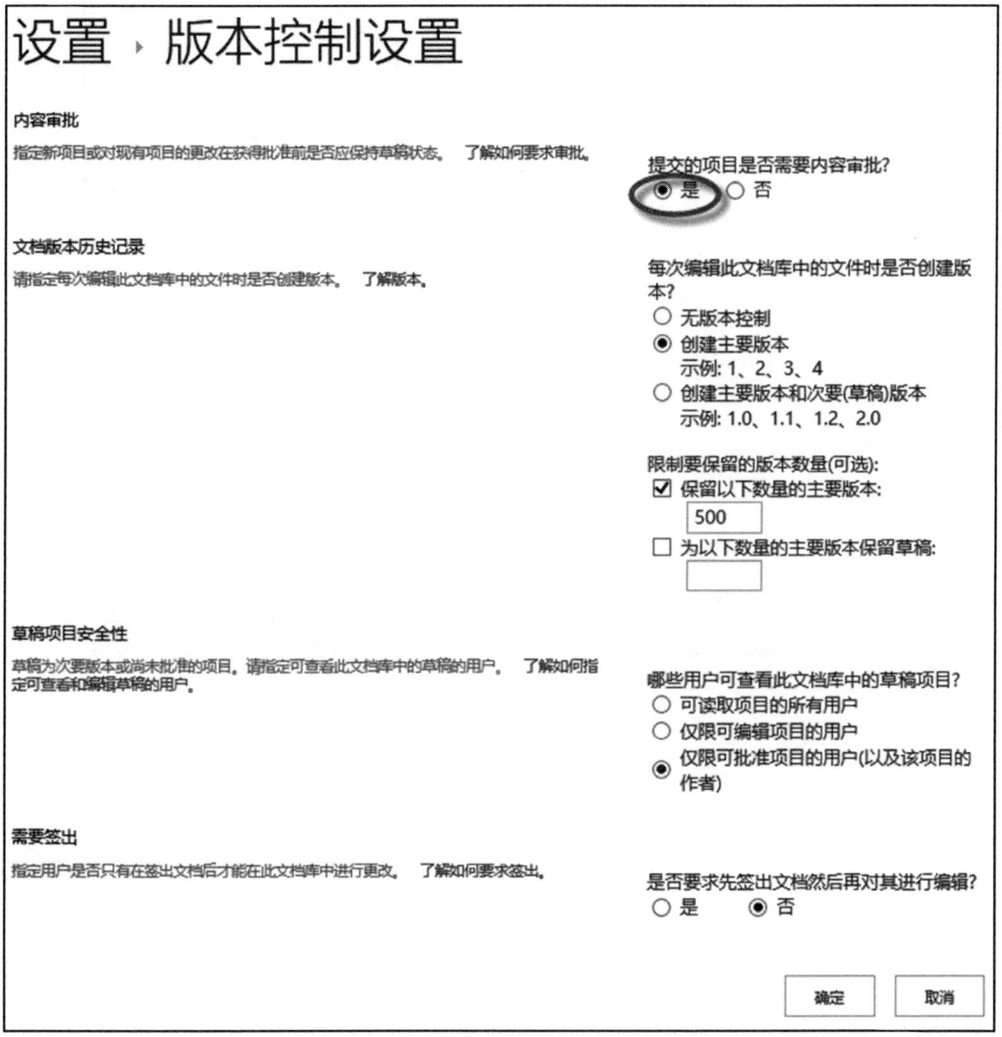

图 5-6

5.2.2 普通用户登录该 SharePoint 站点，并创建需要审批的文档

（1）普通用户登录该SharePoint网站，进入文档审批库，新建需要审批的Word文档，如图5-7所示。

图 5-7

（2）在线打开Word文档，在顶部重命名该文档，并填写报销申请审批内容，如图5-8所示。

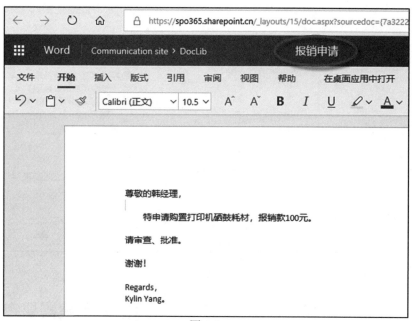

图 5-8

（3）回到该文档审批库，可以看到该用户的这篇文档的审批状态为"待定"，如图5-9所示。

图 5-9

（4）另外一个用户登录该文档审批库，是看不到该文档的，如图5-10所示。

图 5-10

5.2.3　管理员登录并查看用户文档的审批申请

（1）管理员进入该文档审批库，查看文档申请内容，然后回到审批库，选中该文档，单击上方的省略号图标，在下拉菜单中选择"更多"|"批准/拒绝"，如图5-11所示。

图 5-11

（2）在弹出的窗口中，管理员可以批复该文档申请，比如，选择"已批准"，然后单击"确定"按钮，如图5-12所示。

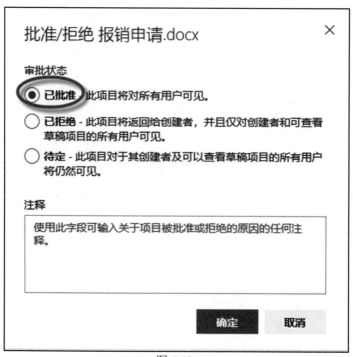

图 5-12

5.2.4 管理员批准后，有权限的用户都可以查阅文档的状态

（1）该文档创建者看到的文档状态，如图5-13所示。

图 5-13

（2）其他有权限的用户看到的文档状态，如图5-14所示。

图 5-14

5.3 如何用 SharePoint Designer 创建工作流

5.3.1 SharePoint Designer 中的工作流概述

5.3.1.1 工作流类型

工作流可分为列表工作流（List Workflow）、可重用工作流（Reusable Workflow）和网站工作流（Site Workflow）。

- 列表工作流

列表工作流（List Workflow）是SharePoint Online中可用的工作流类型。由于它能访问当前列表的上下文，因此列表工作流会自动访问当前列表的自定义字段的值，例如文档库的自定义备注字段。列表工作流无法提供给此网站或其他网站上的列表或库使用。若要对多个列表使用相同的工作流，必须在所有位置手动创建新的工作流。列表工作流本身会关联一个特殊列表或者文档库，如图5-15所示。

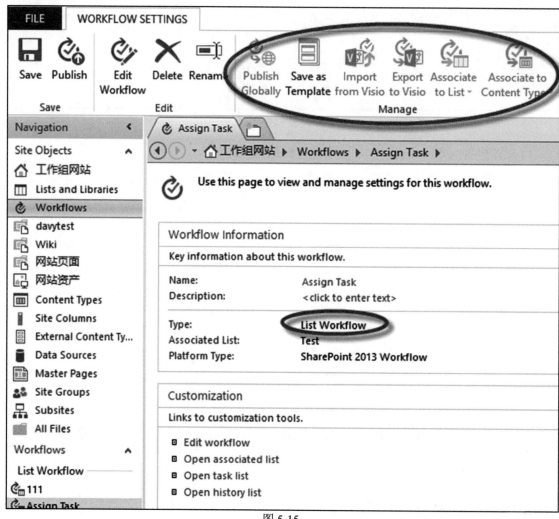

图 5-15

- 可重用工作流

可重用工作流（Reusable Workflow）可以在网站集中创建可重用的工作流，并且该工作流可以进行全局可重用，这意味着该工作流可以与网站集中的任何列表、库或内容类型相关联。您还可以在网站集的任何子网站中创建可重用的工作流，该工作流可在该特定的子网站中重复使用。

您还可以从一个网站导出可重用工作流，然后在其他网站中上传和激活该工作流。例如，您可以在测试环境中创建一个可重用工作流，并对它进行测试，然后将其导出到生产环境。SharePoint Designer 2013支持将工作流作为模板导出。

在默认情况下，可重用工作流不具有特定列表或库的上下文。因此，在默认情况下，它们仅提供在列表和库（如创建和创建者）中通用的列。

如果您的可重用工作流要求特定列出现在您与之关联的列表或库中，则可以将这些列添加为关联列。当可重复使用的工作流与该列表或库相关联时，关联栏会自动添加到列表或库。

创建可重用工作流时，也可以选择将可重用工作流筛选为特定内容类型。这使您能够在SharePoint Designer 2013中处理内容类型的字段。例如，如果可重复使用的列表工作流与文档内容类型相关联，则在特定内容类型的工作流字段中查看和使用，例如文档ID。然后在浏览器中，您可以将可重复使用的工作流与特定内容类型或从该内容类型继承的任何内容类型相关联。如果将工作流关联到网站内容类型，则会使该工作流可用于该内容类型已添加到的网站上的每个列表和库中的所有项目。如果将工作流配置为全局可重用工作流，您甚至可以将其提供给集合中的网站。

如果您希望用户能够使用您在多个网站、列表、库和内容类型上设计的工作流，可重用的工作流可能最能满足您的需求。我们预计SharePoint 2013的大多数工作流将使用可重用工作流。

可重用工作流会关联内容类型。它是可重用的，您可以使其与任何列表或文档库相关联。同一内容类型的可重用工作流可以应用到拥有此内容类型的不同列表或者文档库中，如图5-16所示。

- 网站工作流

网站工作流（Site Workflow）与网站相关联，而不是与列表、库或内容类型相关联。因此，与大多数工作流不同，网站工作流未在特定列表项上运行。因此，对网站工作流可以进行许多操作。

在浏览器中，打开齿轮状的设置下拉菜单，选择"网站内容"，然后选择"Site Workflow（网站工作流）"，启动网站工作流或查看运行网站工作流的状态。

如果您想要创建工作流，但不需要工作流的列表、库或内容类型，网站工作流可能最能满足您的需求。例如，您可以创建网站工作流，以便用户提供有关网站的反馈。网站工作流可以运行在网站的任何地方。

SharePoint网站工作流独立于网站级别运行，并且可以通过启动SharePoint工作流循环来处理多个列表及其内容，如图5-17所示。

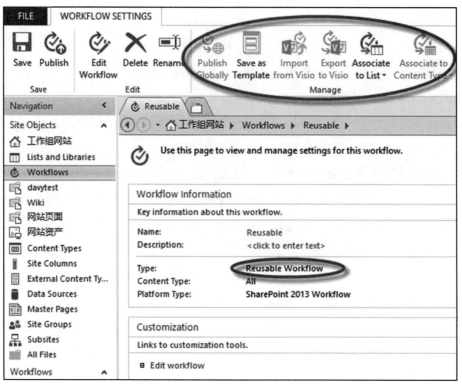

图 5-16

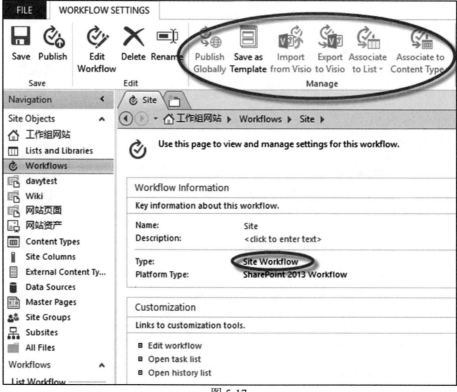

图 5-17

5.3.1.2 工作流启动选项

列表工作流如图5-18所示。

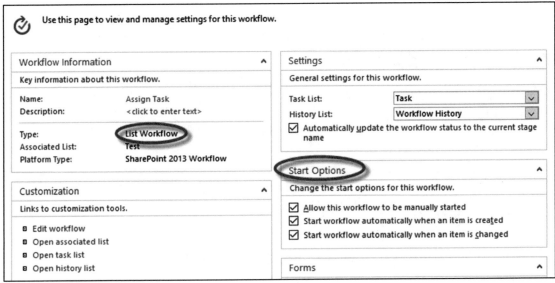

图 5-18

可重用工作流如图5-19所示。

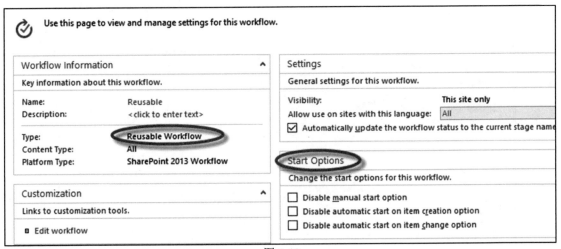

图 5-19

网站工作流如图5-20所示。

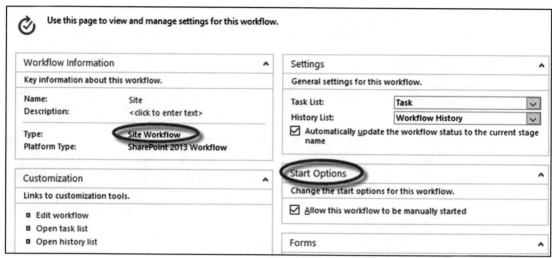

图 5-20

5.3.1.3 变量（人员）

单击"如果"后边的变量（人员）弹出的对话框如图5-21所示。

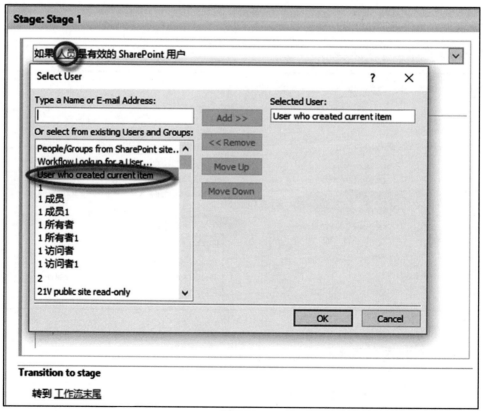

图 5-21

5.3.1.4 条件和操作

单击"Condition（条件）"图标，弹出的下拉菜单如图5-22所示。单击"Action（操作）"图标，弹出的下拉菜单如图5-23所示。

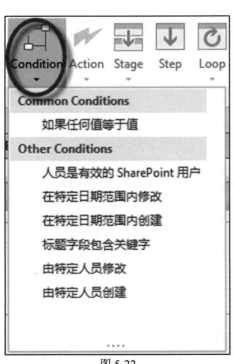

图 5-22　　　　　　　　　　　图 5-23

5.3.1.5 阶段

工作流各阶段如图5-24所示。

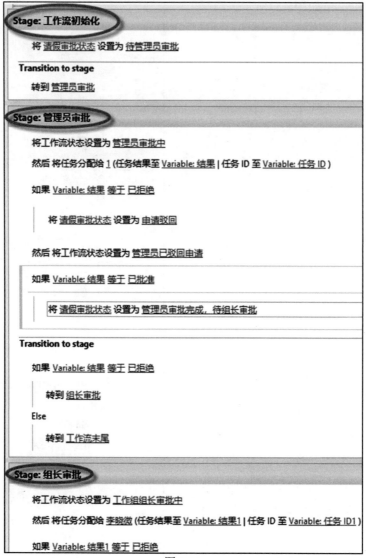

图 5-24

5.3.2 创建 SharePoint Online 工作流的工具 SharePoint Designer

5.3.2.1 使用 SharePoint Designer 的先决条件

（1）在SharePoint管理中心中选择"设置"|"经典设置页面"|"已连接的服务"，在右侧

的页面中不要选择"阻止SharePoint 2013工作流",如图5-25所示。

图 5-25

(2)选择"SharePoint Online站点"|"网站设置"|"网站集管理"|"SharePoint Designer 设置",确保选择所有选项,如图5-26和图5-27所示。

图 5-26

图 5-27

5.3.2.2　如何用 SharePoint Designer 打开 SharePoint Online 站点

打开站点方法，第一次需要输入Microsoft 365账号和密码验证。

（1）打开SharePoint Designer，单击左上角的Sites（网站）按钮，在弹出的窗口中，输入您的SharePoint Online网站地址，然后单击"Open"按钮即可，如图5-28所示。

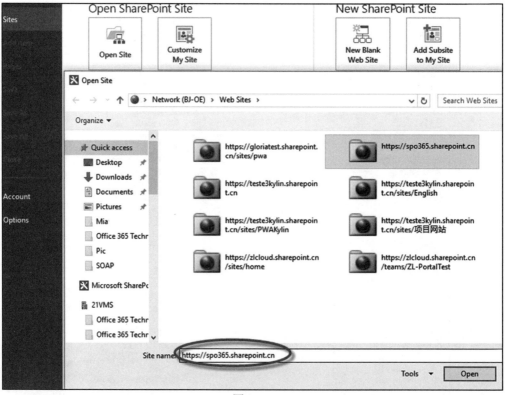

图 5-28

（2）打开SPO站点中的任意一个文档库或者列表，单击左下角的"返回到经典SharePoint"按钮，进入到文档库或者列表的经典界面。选择库（列表）|编辑库（列表），如图5-29所示。如果有弹出的窗口，在弹出的窗口中单击"Yes"按钮，如图5-30所示。

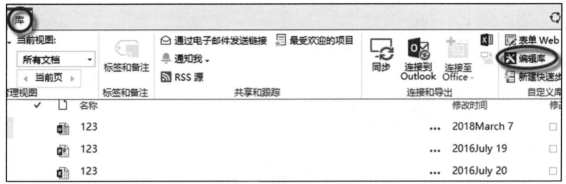

图 5-29

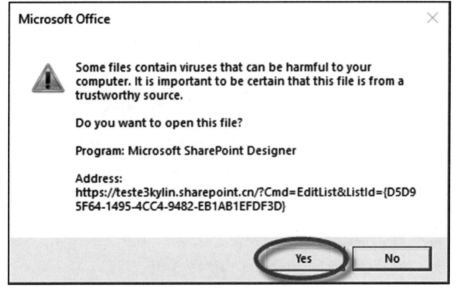

图 5-30

5.3.2.3　SharePoint Designer 登录问题

现象：SharePoint Designer 2013提示需要更新，如图5-31所示。

图 5-31

原因：SharePoint Designer没有更新到最新版本。一般15.0.4420.1017版本容易出现此问题，如图5-32所示。

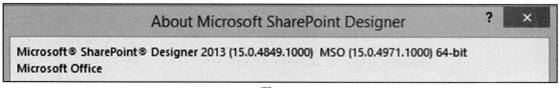

图 5-32

解决方法：

在Microsoft 365 Portal中打开齿轮状的设置下拉菜单，选择"更新联系人首选项"|"工具和加载项"，安装SharePoint Designer 2013 的补丁，如图5-33所示。

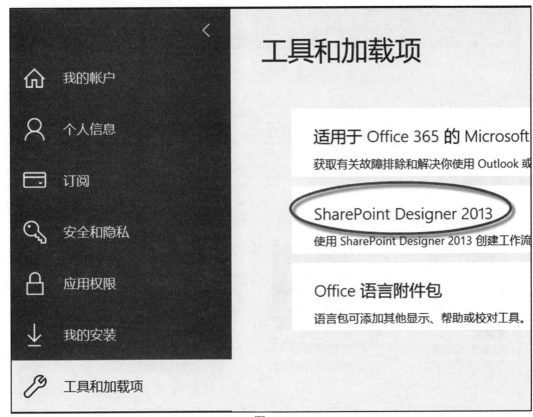

图 5-33

5.3.3 用 SharePoint Designer 创建工作流实例

5.3.3.1 使用 SharePoint Designer 创建一个带有邮件通知的工作流

（1）进入SharePoint网站，打开齿轮状的设置下拉菜单，选择"添加应用程序"，单击"自定义列表"图标，如图5-34所示。

图 5-34

（2）命名该自定义列表，然后单击"创建"按钮，如图5-35所示。

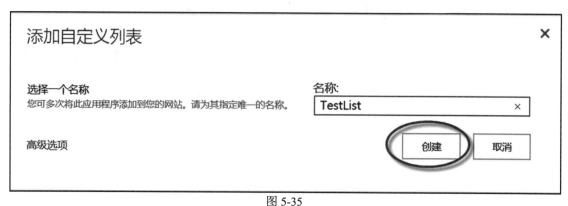

图 5-35

（3）创建完成后，进入这个自定义列表，打开齿轮状的设置下拉菜单，选择"列表设置"，如图5-36所示。

图 5-36

（4）单击此页面底部"视图"区域的"所有项目"，如图5-37所示。

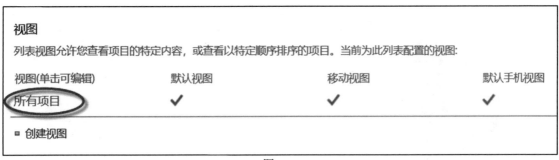

图 5-37

（5）选择"创建时间""创建者""修改时间""修改者"等选项，然后单击页面底部的"确定"按钮，如图5-38所示。

（6）用SharePoint Designer 2013打开该自定义列表所在的SharePoint站点，如图5-39所示。

（7）单击左边快速启动栏的"Workflows"，然后单击上面的"List Workflow"图标，在下拉菜单中选择刚刚创建的自定义列表，如图5-40所示。

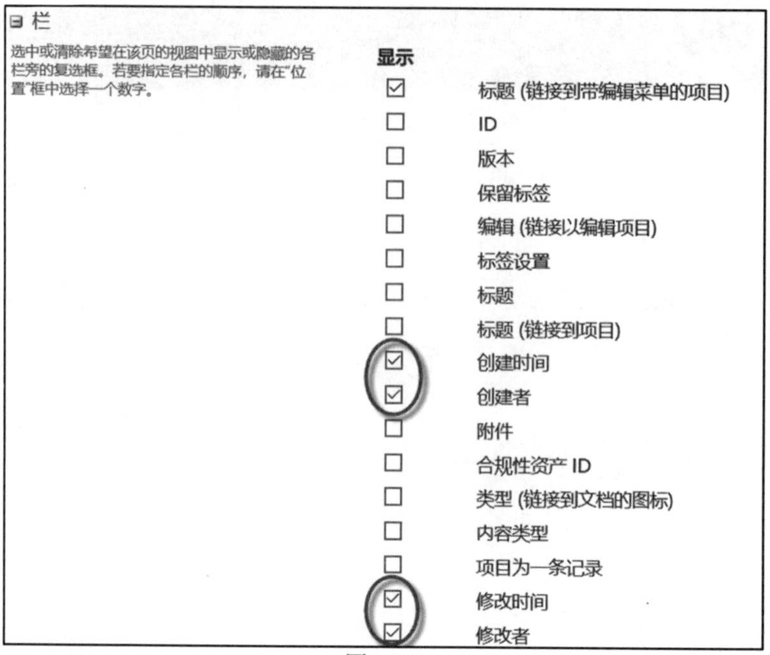
栏
选中或清除希望在该页的视图中显示或隐藏的各栏旁的复选框。若要指定各栏的顺序，请在"位置"框中选择一个数字。
显示
标题 (链接到带编辑菜单的项目)
ID
版本
保留标签
编辑 (链接以编辑项目)
标签设置
标题
标题 (链接到项目)
创建时间
创建者
附件
合规性资产 ID
类型 (链接到文档的图标)
内容类型
项目为一条记录
修改时间
修改者

图 5-38

SharePoint Designer
Sites
Account
Options
Open SharePoint Site
Open Site
Customize My Site
Open Site
Network (BJ-OE) > Web Sites >
Search Web Site
Organize
Quick access
Desktop
Downloads
Documents
Pictures
Local Disk (D:)
SPO
System32
家庭日
Web Sites
https://teste3kylin.sharepoint.cn
Site name:
https://hqle3.sharepoint.cn
Tools
Open

图 5-39

第 5 章　SharePoint Online 工作流

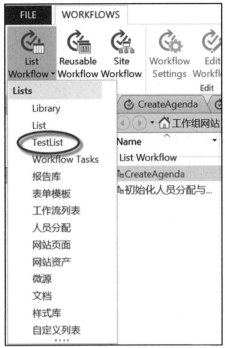

图 5-40

（8）在弹出的窗口中，输入名称和说明，单击"OK"按钮，如图5-41所示。

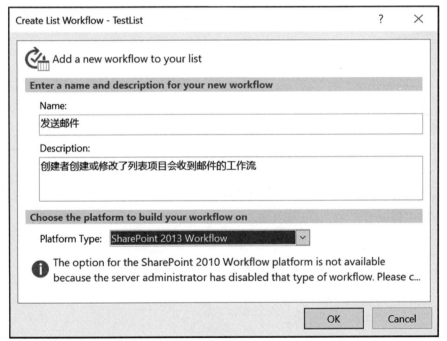

图 5-41

（9）将鼠标放到Stage：Stage 1（阶段一）下面，然后单击上面的"Condition（条件）"

图标,在打开的下拉菜单中选择"如果任何值等于值",如图5-42所示。

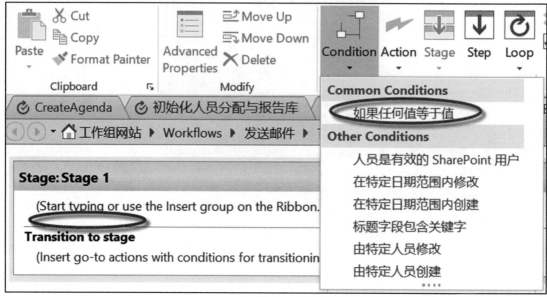

图 5-42

(10)工作流条件中出现两个变量"值",如图5-43所示。

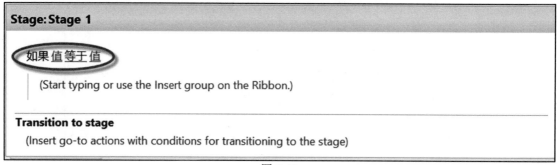

图 5-43

(11)单击第一个变量"值",然后单击"fx"按钮(函数),在弹出的窗口中,选择"Field from source"|"修改者",然后单击"OK"按钮,如图5-44所示。

第 5 章　SharePoint Online 工作流

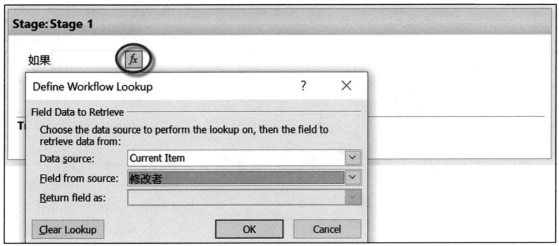

图 5-44

（12）单击第二个变量"值"，在弹出的窗口中，在左边选择"User who created current item（创建当前项目的用户）"，单击中间的"Add"按钮，将其添加至右侧区域，然后单击"OK"按钮，如图5-45所示。

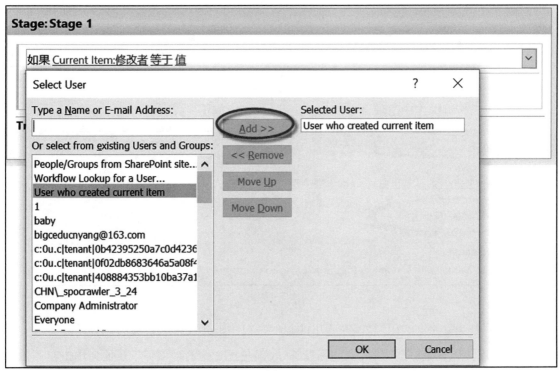

图 5-45

（13）将鼠标放置在刚刚创建好的条件下面，然后单击上面的"Action（操作）"图标，在下拉菜单中选择"发送电子邮件"，如图5-46所示。

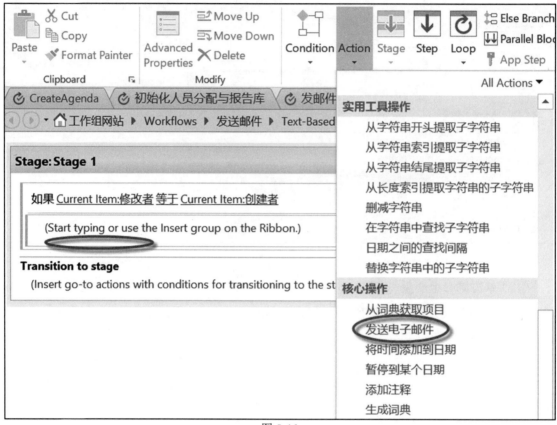

图 5-46

（14）在工作流操作中出现一个变量"这些用户"，如图5-47所示。

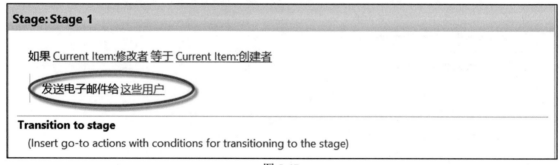

图 5-47

（15）单击变量"这些用户"，在弹出的邮件窗口中选择收件人、设置邮件主题等。并在邮件正文区域输入设定好的内容。可以把光标放置在正文中的"项目"后面，单击左下角的"Add or Change Lookup（添加或更改查找）"按钮。在新打开的窗口中操作，如图5-48所示。

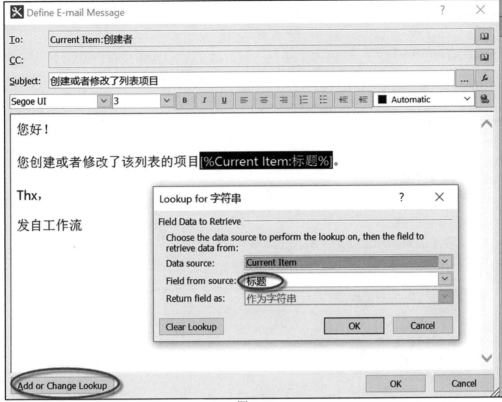

图 5-48

（16）用鼠标右键单击下面的区域，在下拉菜单中选择"请转到阶段"，如图5-49所示。

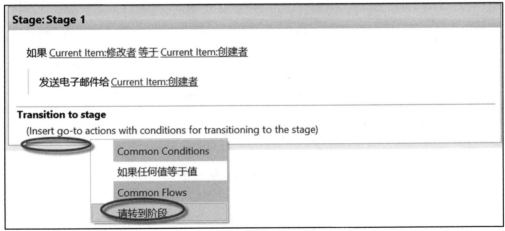

5-49

（17）在下拉菜单中选择"工作流末尾"，如图5-50所示。

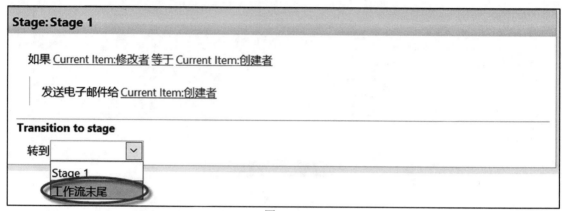

图 5-50

（18）依次单击页面左上角的"Save（保存）"和"Publish（发布）"按钮，进行保存并发布，如图5-51所示。

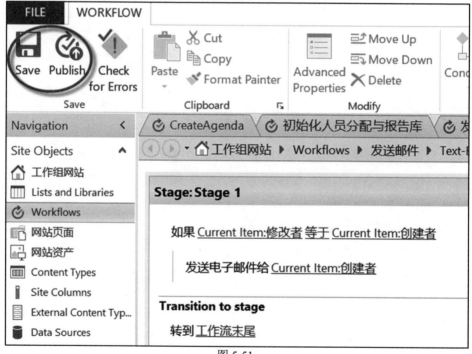

图 5-51

（19）再次选择左边快速启动栏中的工作流，在页面右侧，如图5-52所示选择红圈标示的所有选项，这样，在创建或者修改列表项目时，就会自动启动工作流，而不需要手动启动。

第 5 章 SharePoint Online 工作流

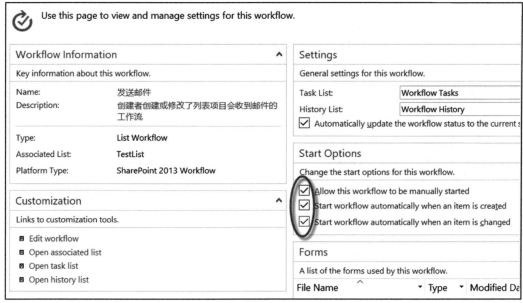

图 5-52

（20）再次依次单击页面左上角的"Save（保存）"和"Publish（发布）"按钮，保存并发布，如图5-53所示。

图 5-53

（21）回到SharePoint站点列表，单击"新建"按钮，在弹出的窗口中，在"标题"栏输入标题（如"项目一"），然后单击"保存"按钮，如图5-54所示。

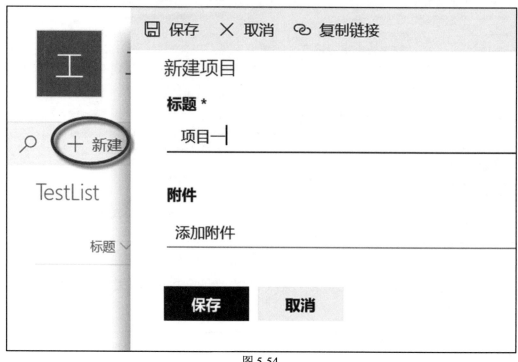

图 5-54

（22）打开Microsoft 365邮箱，可以查看到工作流邮件，如图5-55所示。

图 5-55

5.3.3.2 两个自定义列表的相关项目进行比较的工作流设置

客户想创建两个列表，一个是打印机列表，一个是硒鼓列表。硒鼓的数量如果小于等于它对应的打印机数量时，要发信提醒管理员备货。

第 5 章　SharePoint Online 工作流

对于该请求，请按照以下操作方法实现：

（1）管理员进入到SharePoint Online站点。打开齿轮状的设置下拉菜单，选择"添加应用程序"创建两个自定义列表，一个为打印机列表，一个为硒鼓列表。

（2）打开打印机列表，在"添加列"下拉菜单中选择"数字"，如图5-56所示。

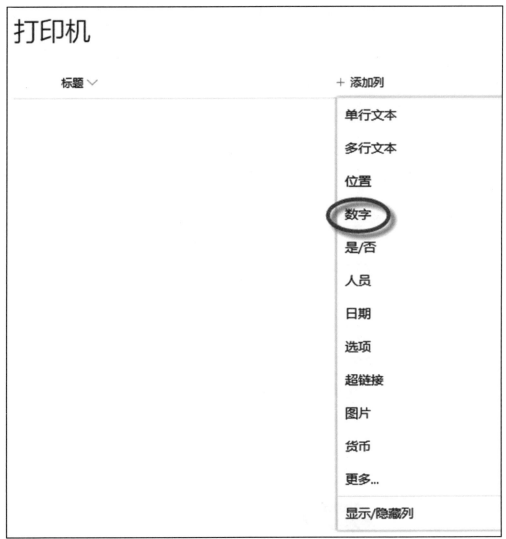

图 5-56

（3）在右侧弹出的窗口的"名称"中输入"数量"，下面"小数位数"选择0，然后单击"保存"按钮。以此列来存放公司该型号的打印机数量，如图5-57所示。

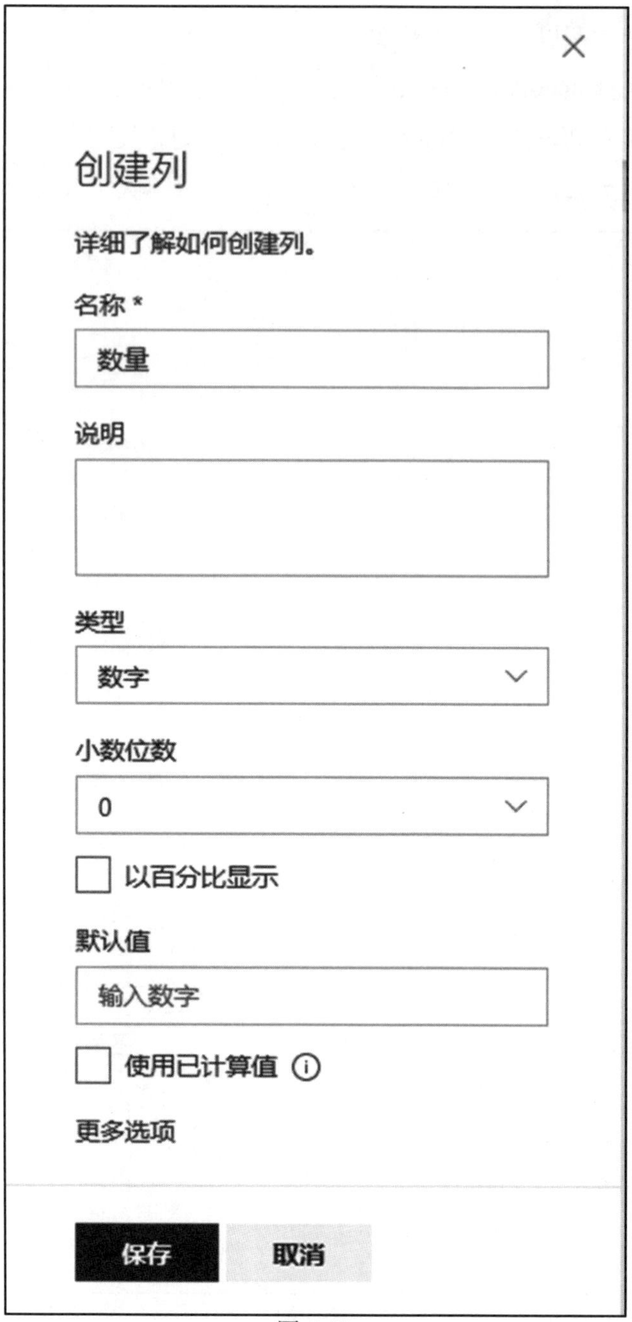

图 5-57

（4）打开硒鼓列表，单击"添加列"，在打开的下拉菜单选择"单行文本"，如图5-58所示。

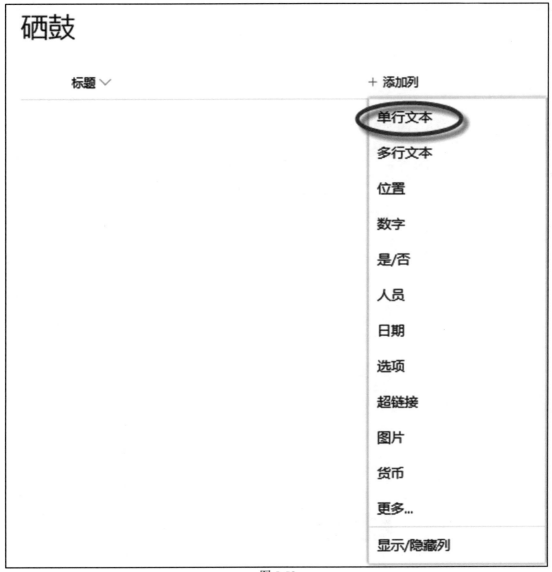

图 5-58

（5）在右侧弹出窗口的"名称"中输入"对应打印机"，然后单击"保存"按钮。以此列来后续和打印机列表的名称匹配对应，如图5-59所示。

图 5-59

（6）再次打开硒鼓列表，单击"添加列"，在打开的下拉菜单选择"数字"，在右侧弹出窗口的"名称"中输入"数量"，下面"小数位数"选择0，然后单击"保存"按钮。以此列来存放公司该型号的硒鼓数量。

（7）在两个列表里，单击"新建"按钮，创建公司的打印机及硒鼓的型号和数量的条目。这里需要注意的是，"打印机"列表里面的"标题"一定要和"硒鼓"列表里的"对应打印机"的栏相一致，以作为连接两个表的查询条件。当然，硒鼓型号也一定要和该打印机的型号相匹配，这个不要填写错了。

打印机列表如图5-60所示。

图 5-60

硒鼓列表如图5-61所示。

图 5-61

（8）用SharePoint Designer 2013打开这个SharePoint网站。

（9）选择左面的"Workflows"，再单击上面功能区的"List Workflow"图标，在下拉菜单中选择"硒鼓"，如图5-62所示。

图 5-62

（10）填写工作流的名称和描述，单击"OK"按钮，如图5-63所示。

第 5 章　SharePoint Online 工作流

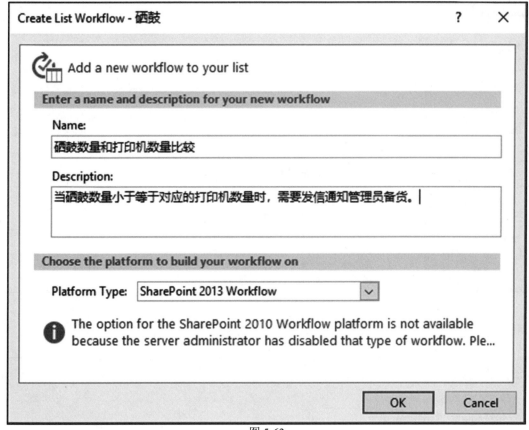

图 5-63

（11）选取功能区的"Condition（条件）"菜单中的"如果任何值等于值"，如图5-64所示。

图 5-64

（12）将第一个变量"值"设置成硒鼓列表的"数量"栏，如图5-65所示。

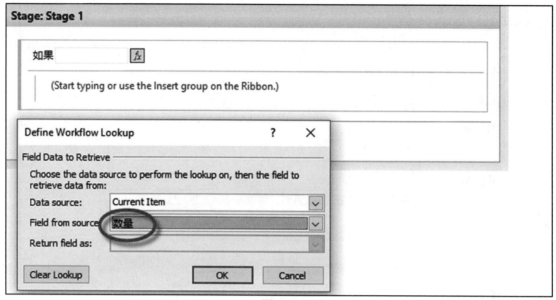

图 5-65

（13）将中间的变量"等于"设置成"小于或等于"，如图5-66所示。

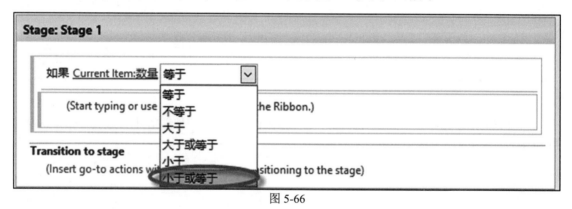

图 5-66

（14）第三个变量"值"尤为重要。将第三个变量的数据源选择成另一个关联列表"打印机"，下面选择"打印机"列表的数量栏，和"硒鼓"列表的数量栏进行对比。然后，下面是两个列表的对应关系，"打印机"列表的"标题"栏要和"硒鼓"列表的"对应打印机"栏相关联，只有当这两个栏的名称相等时，才去对比两个条目的数量，如图5-67所示。

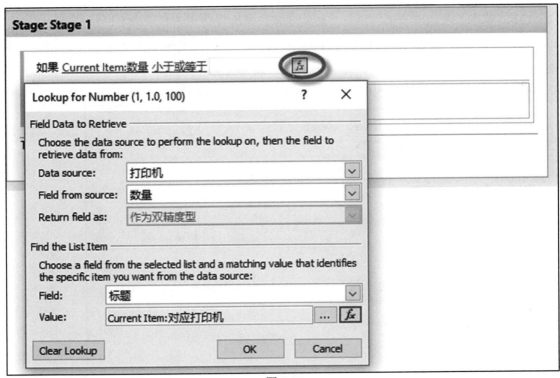

图 5-67

（15）当条件满足时，执行的操作就是"发送电子邮件"，如图5-68所示。

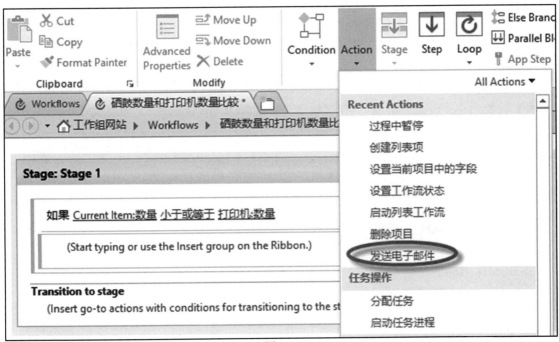

图 5-68

（16）单击"发送电子邮件给"后边的变量，从地址簿里查找管理员，然后添加。标题可以用一个函数选择"请购买[%Current Item:标题%]"哪个型号的硒鼓（设为当前标题）。下面内容里同样可以添加变量，如"对应打印机"和"硒鼓列表标题"等，如图5-69所示。

图 5-69

（17）单击"切换到阶段"下面，然后单击鼠标右键，在打开的下拉菜单中选择"请转到阶段"，然后单击变量"阶段"，在下拉菜单中选择"工作流末尾"，如图5-70所示。

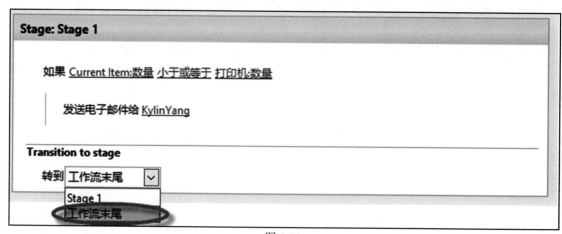

图 5-70

（18）依次单击左上角的"Save（保存）"和"Publish（发布）"按钮，如图5-71所示。

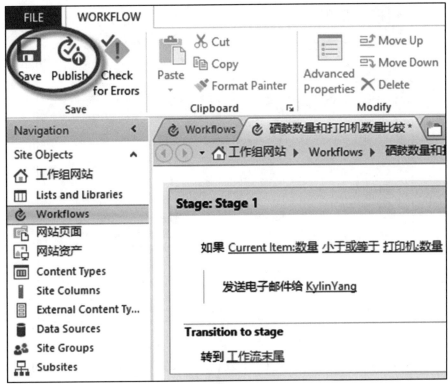

图 5-71

（19）再次单击左边快速启动栏中的工作流，选择刚刚创建的工作流"硒鼓数量和打印机数量比较"，在右侧找到"启动选项"，选择所有选项，这样在创建或者修改列表项目时，就会自动启动工作流，而不需要手动启动了，如图5-72所示。

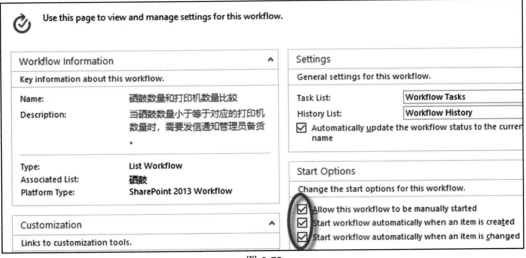

图 5-72

（20）再次单击左上角的"Save（保存）"和"Publish（发布）"按钮，如图5-73所示。

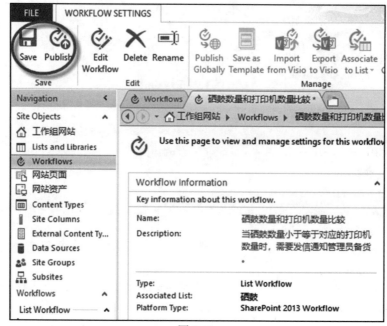

图 5-73

（21）回到SharePoint站点列表，将HP Q2612A硒鼓的数量改成与它对应的打印机的数量相等，选中"HP Q2612A硒鼓"项目，单击上面的"编辑"按钮，在弹出的窗口中修改数量值，使得它等于它对应的打印机数量，然后单击"保存"按钮，如图5-74所示。

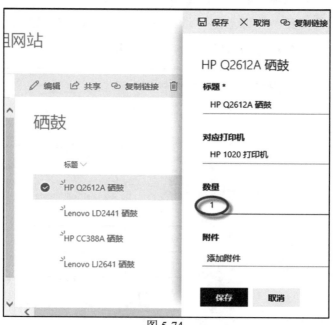

图 5-74

(22）打开Microsoft 365邮箱，可以查看到工作流邮件。管理员就可以收到如下的邮件提醒，如图5-75所示。

注意：

一旦管理员用了一个硒鼓，就要在SharePoint网站中修改相应的条目，使得硒鼓后面的数量减少1，如果原来是3，用了一个硒鼓后，请将数字改成2。同样，如果公司入库了新硒鼓，请在对应条目后面将数量相加。例如库存剩2个，又入库3个，就要手动把硒鼓数据改成5。这个数字改动必须是手动的，不是自动的，就像进销存系统一样，如果出库了一个硒鼓，就要在该对应型号硒鼓后面单击"出库"按钮，然后数量选择1，库存会减少相应的数量，这都是要有相应操作的。

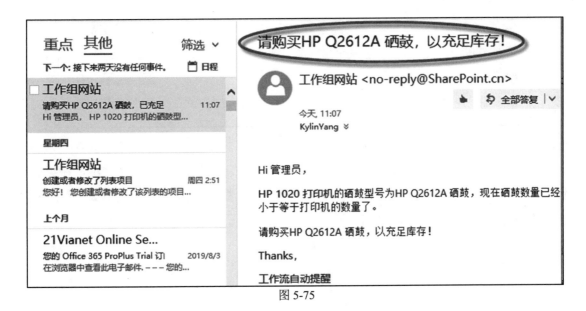

图 5-75

5.3.3.3 如何用 SharePoint Designer 创建一个多级审批工作流

事例：创建一个二级请假审批工作流（管理员审批后，组长审批）。

（1）在SharePoint站点上创建一个自定义列表，命名为"请假申请"，编辑该自定义列表，添加栏目，使其具有"标题""请假理由""请假开始时间""请假结束时间""请假审批状态"等栏目。

（2）默认有单行文本的"标题"，"请假理由"类型设为"单行文本"，"请假开始时间"和"请假结束时间"类型设为"日期和时间"，"请假审批状态"类型设为"选项"，如图5-76所示。

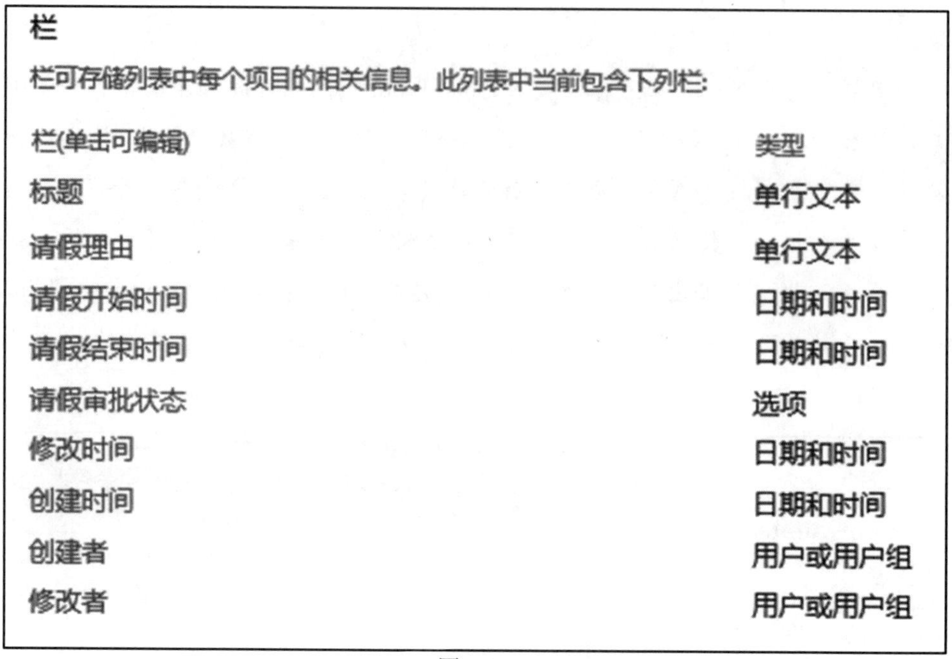

栏	
栏可存储列表中每个项目的相关信息。此列表中当前包含下列栏：	
栏(单击可编辑)	类型
标题	单行文本
请假理由	单行文本
请假开始时间	日期和时间
请假结束时间	日期和时间
请假审批状态	选项
修改时间	日期和时间
创建时间	日期和时间
创建者	用户或用户组
修改者	用户或用户组

图 5-76

（3）其中"请假审批状态"的选项设为"待管理员审批""管理员审批完成，待组长审批""申请通过""申请驳回"四个选项，分行输入每个选项。显示选项使用默认的"下拉菜单"，默认值选项清空，如图5-77所示。

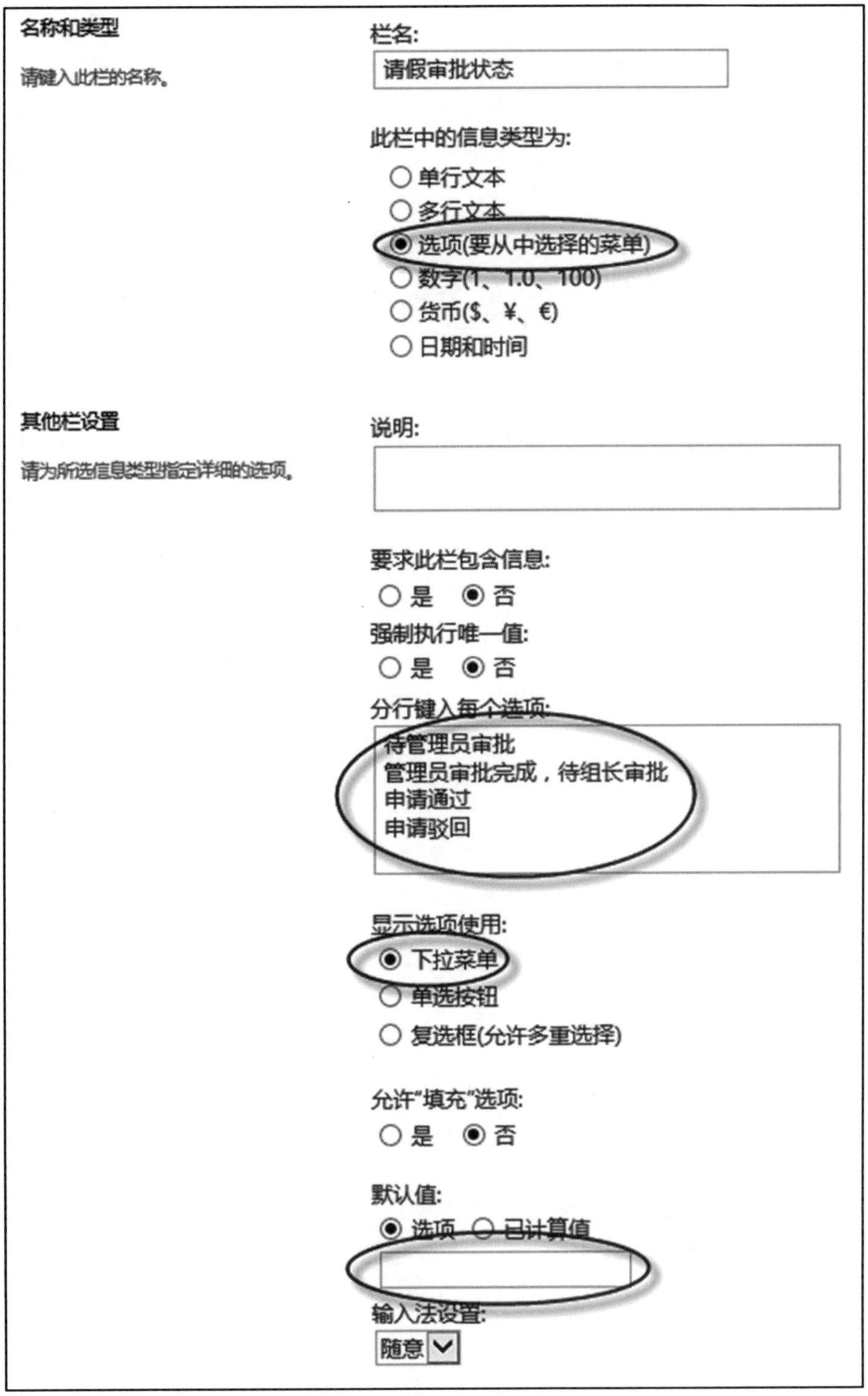

图 5-77

（4）用 SharePoint Designer 打开该 SharePoint 工作组站点。

（5）选择左边的"Workflows"，如图 5-78 所示。

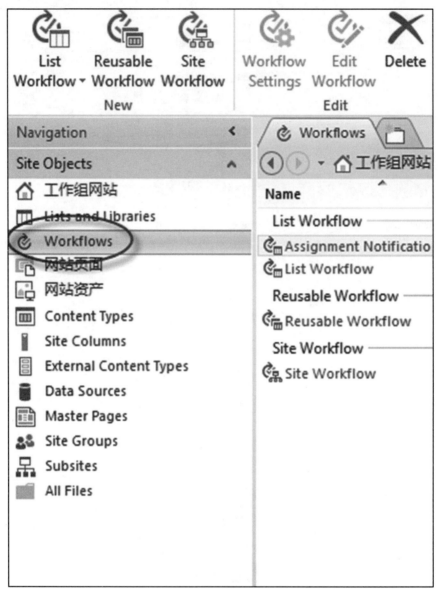

图 5-78

（6）单击左上角的"List Workflow"图标，在打开的下拉菜单中选择创建好的自定义列表"请假申请"，如图5-79所示。

第 5 章　SharePoint Online 工作流

图 5-79

（7）输入名称和描述，工作流类型选定为默认的"SharePoint 2013 Workflow"，然后单击"OK"按钮，如图5-80所示。

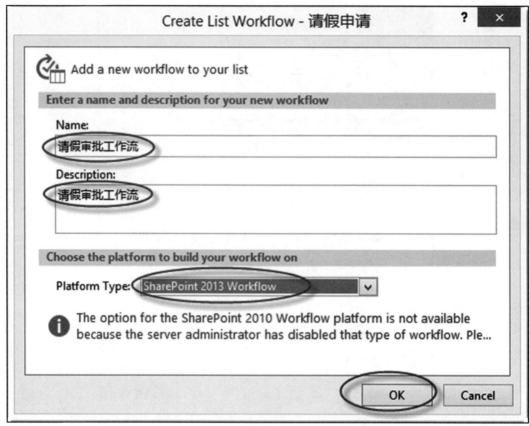

图 5-80

（8）将当前第一阶段命名为"工作流初始化"，如图5-81所示。

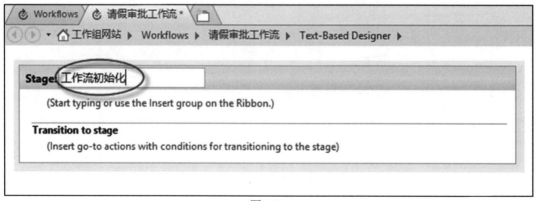

图 5-81

（9）用鼠标单击工作流正文处，然后单击上面的"Action"图标，在下拉菜单中选择"设置当前项目中的字段"，将"请假审批状态"设置为"待管理员审批"，如图5-82所示。

第 5 章　SharePoint Online 工作流

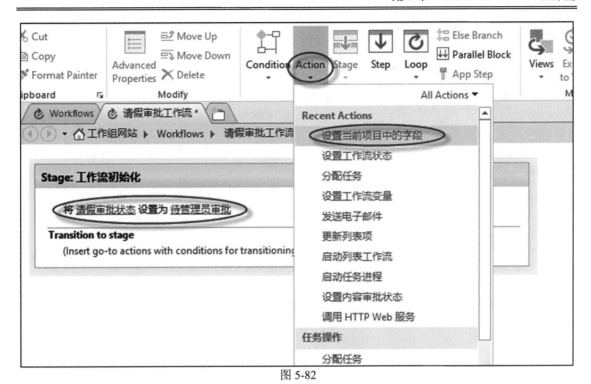

图 5-82

（10）将光标放在"工作流初始化"阶段的底部，右键，单击出现的"Stage"按钮，如图5-83所示。

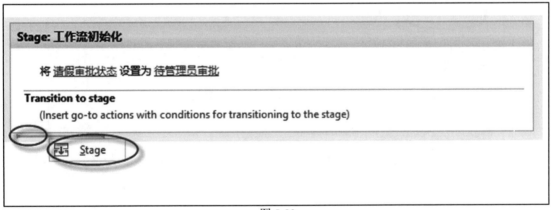

图 5-83

（11）将下一个新阶段命名为"管理员审批"，如图5-84所示。

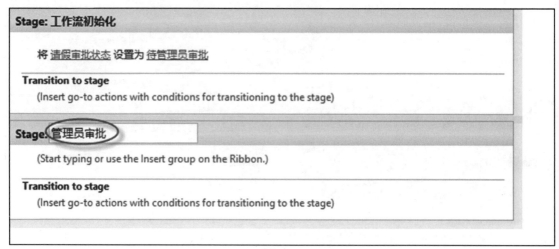

图 5-84

（12）右键"工作流初始化"阶段的"转到阶段"处，在打开的下拉菜单中选择"请转到阶段"，如图5-85所示。

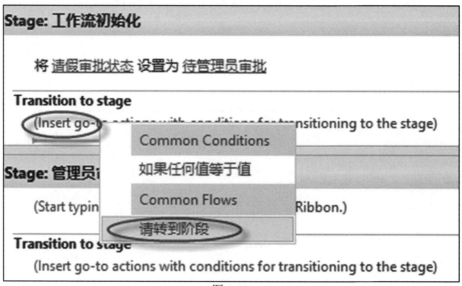

图 5-85

（13）转到"管理员审批"阶段，如图5-86所示。

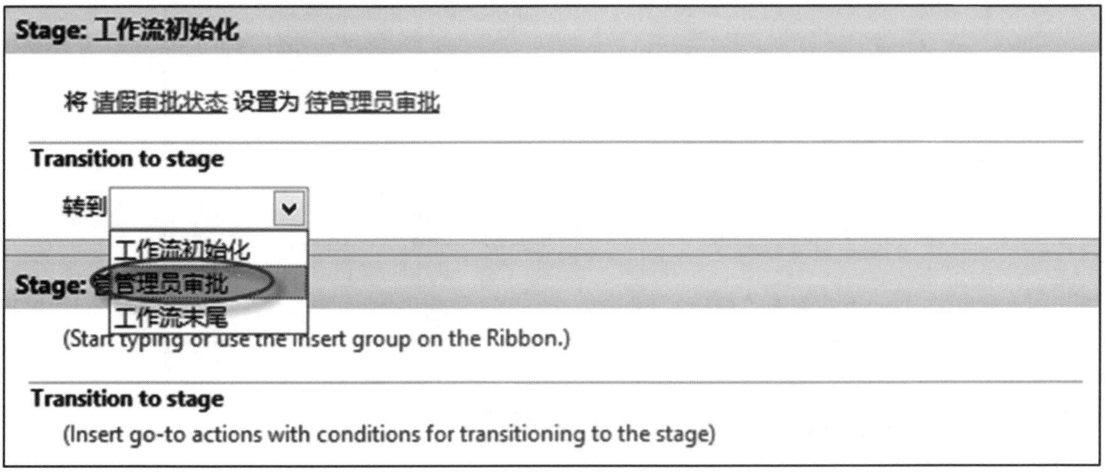

图 5-86

（14）在"管理员审批"阶段的工作流正文处，单击上面的"Action"图标，在下拉菜单中选择"设置工作流状态"，将工作流状态设置为"管理员审批中"，如图5-87所示。

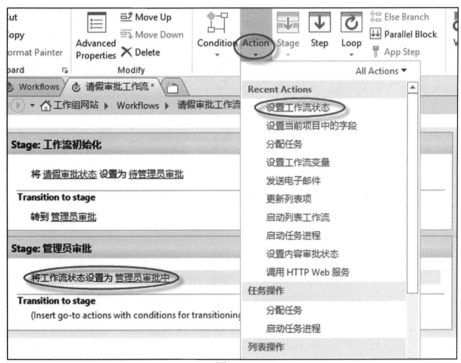

图 5-87

（15）将光标放在将工作流状态设置为"管理员审批中"底部，单击上面的"Action"图标，在下拉菜单中选择"分配任务"，将任务分配给管理员"杨振强"，如图5-88所示。

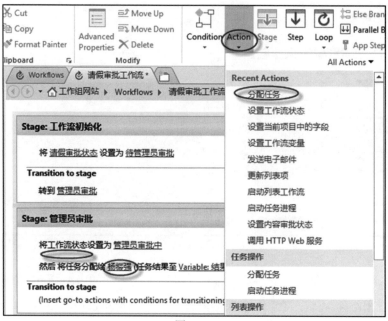

图 5-88

注意：

将任务分配给管理员"杨振强"，在弹出的窗口中输入任务标题和描述"请管理员审批！"，如图 5-89 所示。

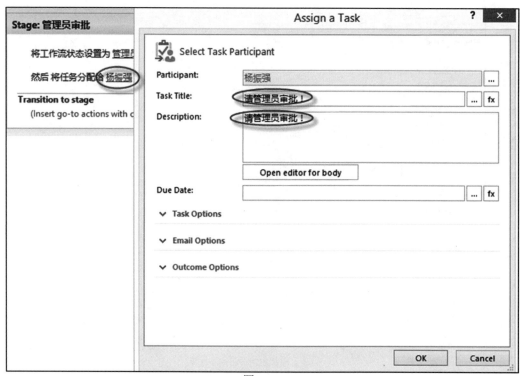

图 5-89

（16）将光标放在"分配任务"底部，单击上面的"Condition"图标，在下拉菜单中选择"如果任何值等于值"，设置如果"Variable:结果"等于"已拒绝"，如图5-90所示。

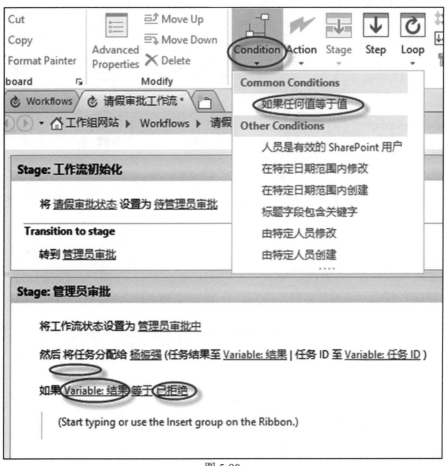

图 5-90

注意：

在"如果"条件前面变量处，单击"fx"按钮，在弹出的窗口中，数据源选择"Workflow Variables and Parameters"，在值处选择"Variable:结果"，然后单击"OK"按钮，如图 5-91 所示。

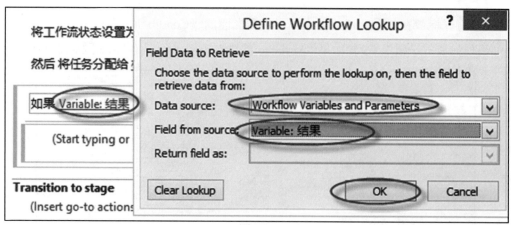

图 5-91

（17）在条件语句的下方（根据步骤9的操作），将"请假审批状态"设置为"申请驳回"，如图5-92所示。

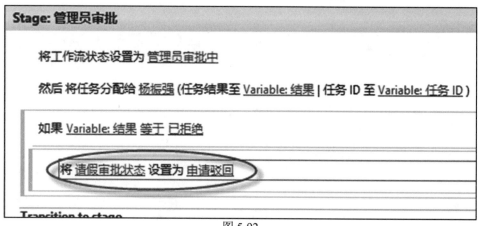

图 5-92

（18）将光标放在"将请假审批状态设置为申请驳回"底部（根据步骤14的操作），将"工作流状态"设置为"管理员已驳回申请"，如图5-93所示。

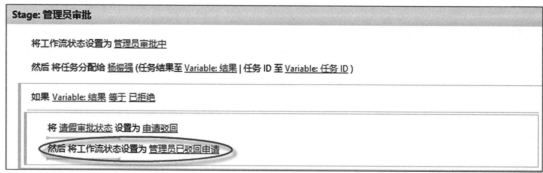

图 5-93

（19）将光标放在整个大的条件语句底部，使得再次插入的条件语句与上一个条件语句平行（根据步骤16的操作），如果"Variable:结果"等于"已批准"（根据步骤9的操作），将"请假审批状态"设置为"管理员审批完成，待组长审批"，如图5-94所示。

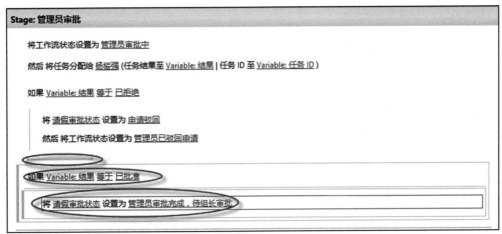

图 5-94

（20）将光标放在"管理员审批"阶段的底部（根据步骤10、步骤11的操作），将下一新阶段命名为"组长审批"，如图5-95所示。

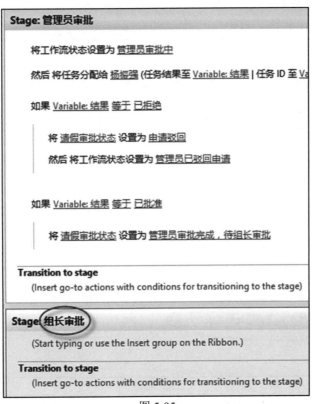

图 5-95

(21) 右键"管理员审批"阶段的"转到阶段"处(根据步骤16的操作),添加条件语句,如果"Variable:结果"等于"已批准"(根据步骤12、步骤13的操作),选择转到"组长审批"阶段,Else(根据步骤12、步骤13的操作),选择转到"工作流末尾",如图5-96所示。

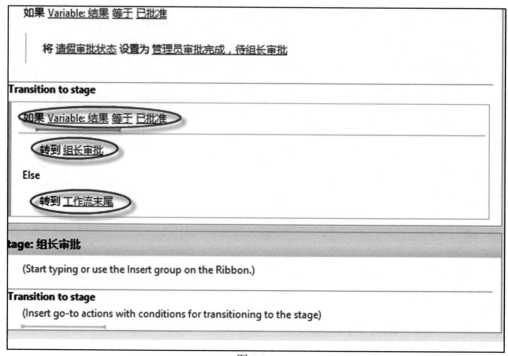

图 5-96

(22) 在"组长审批"阶段的工作流正文处(根据步骤14的操作),将"工作流状态"设置为"工作组组长审批中",如图5-97所示。

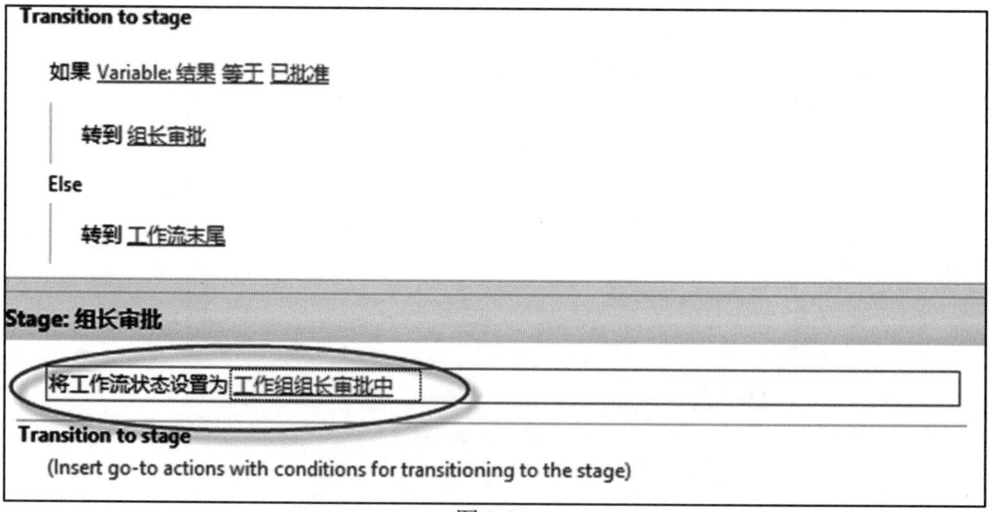

图 5-97

（23）将光标放在"将工作流状态设置为工作组组长审批中"底部（根据步骤15的操作），将任务分配给工作组组长"李晓微"。

注意：

将任务分配给工作组组长"李晓微"，在弹出的窗口中输入任务标题和描述"请工作组组长审批！"，如图5-98所示。

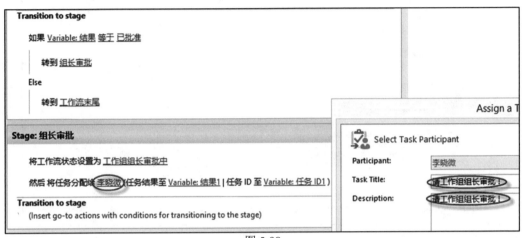

图 5-98

（24）在"分配任务"底部（根据步骤16、步骤17、步骤18的操作），如果"Variable:结果1"等于"已拒绝"，将"请假审批状态"设置为"申请驳回，然后将"工作流状态"设置为"组长已驳回申请"，如图5-99所示。

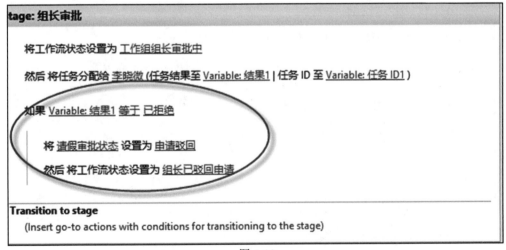

图 5-99

（25）将光标放在整个条件语句底部，使得再次插入的条件语句与上一个条件语句平行（根据步骤24的操作），如果"Variable:结果1"等于"已批准"，将"请假审批状态"设置为

"申请通过",然后将"工作流状态"设置为"审批结束",如图5-100所示。

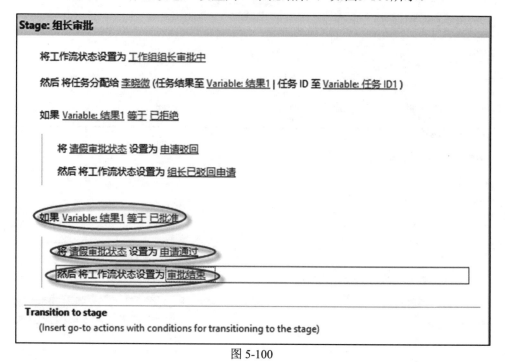

图 5-100

(26)右键"组长审批"阶段的"转到阶段"处(根据步骤12、步骤13的操作),选择转到"工作流末尾",如图5-101所示。

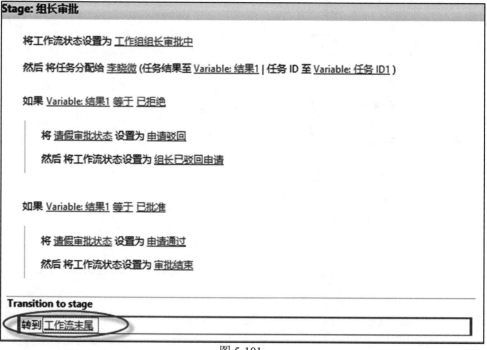

图 5-101

(27) 依次单击页面左上角的"Save(保存)"和"Publish(发布)"按钮,使其保存并发布到站点上,如图5-102所示。

图 5-102

(28) 单击左边的"Workflows",在右侧选择刚刚设计好的工作流"请假审批工作流",如图5-103所示。

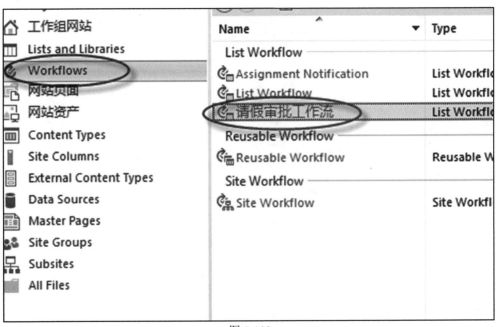

图 5-103

（29）在Start Options处，选择第二个选项"当一个项目被创建，自动触发工作流"和第三个选项"当一个项目被修改，自动触发工作流"，然后依次单击页面左上角的"Save（保存）"和"Publish（发布）"按钮，使更改保存并发布到站点上，如图5-104所示。

图 5-104

此工作流的整体逻辑图如图5-105所示。

Stage: 工作流初始化

将 请假审批状态 设置为 待管理员审批

Transition to stage

转到 管理员审批

Stage: 管理员审批

将工作流状态设置为 管理员审批中

然后 将任务分配给 杨振强 (任务结果至 Variable: 结果 | 任务 ID 至 Variable: 任务 ID)

如果 Variable: 结果 等于 已拒绝

　　将 请假审批状态 设置为 申请驳回

　　然后 将工作流状态设置为 管理员已驳回申请

如果 Variable: 结果 等于 已批准

　　将 请假审批状态 设置为 管理员审批完成，待组长审批

Transition to stage

如果 Variable: 结果 等于 已批准

　　转到 组长审批

Else

　　转到 工作流末尾

Stage: 组长审批

将工作流状态设置为 工作组组长审批中

然后 将任务分配给 李晓微 (任务结果至 Variable: 结果1 | 任务 ID 至 Variable: 任务 ID1)

如果 Variable: 结果1 等于 已拒绝

　　将 请假审批状态 设置为 申请驳回

　　然后 将工作流状态设置为 组长已驳回申请

如果 Variable: 结果1 等于 已批准

　　将 请假审批状态 设置为 申请通过

　　然后 将工作流状态设置为 审批结束

Transition to stage

转到 工作流末尾

至此，二级请假审批工作流已经设计完成。接下来，我们进入验证阶段。

（1）请假申请一（不做任何操作）。

管理员邮箱收到请假邮件，如图5-106所示。

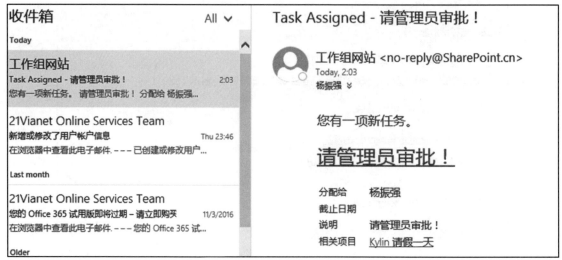

图 5-106

工作组组长邮箱不会收到请假邮件，如图5-107所示。

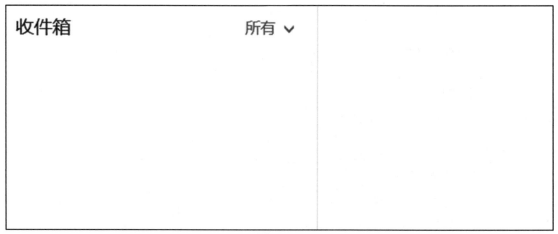

图 5-107

此时请假审批状态为"待管理员审批"，工作流状态为"管理员审批中"，如图5-108所示。

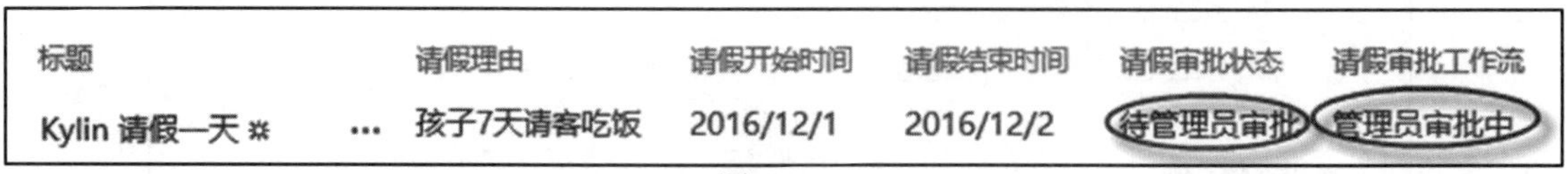

图 5-108

（2）请假申请二（管理员拒绝）。

管理员邮箱收到请假邮件，工作组组长邮箱不会收到请假邮件：

管理员单击邮件的"Kylin请假一天"超链接，如图5-109所示。

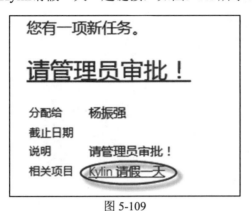

图 5-109

就可以看Kylin请假的理由和时间，如图5-110所示。

图 5-110

然后管理员单击邮件的"请管理员审批！"超链接，如图5-111所示。

图 5-111

单击左上角的"编辑项目"按钮，如图5-112所示。

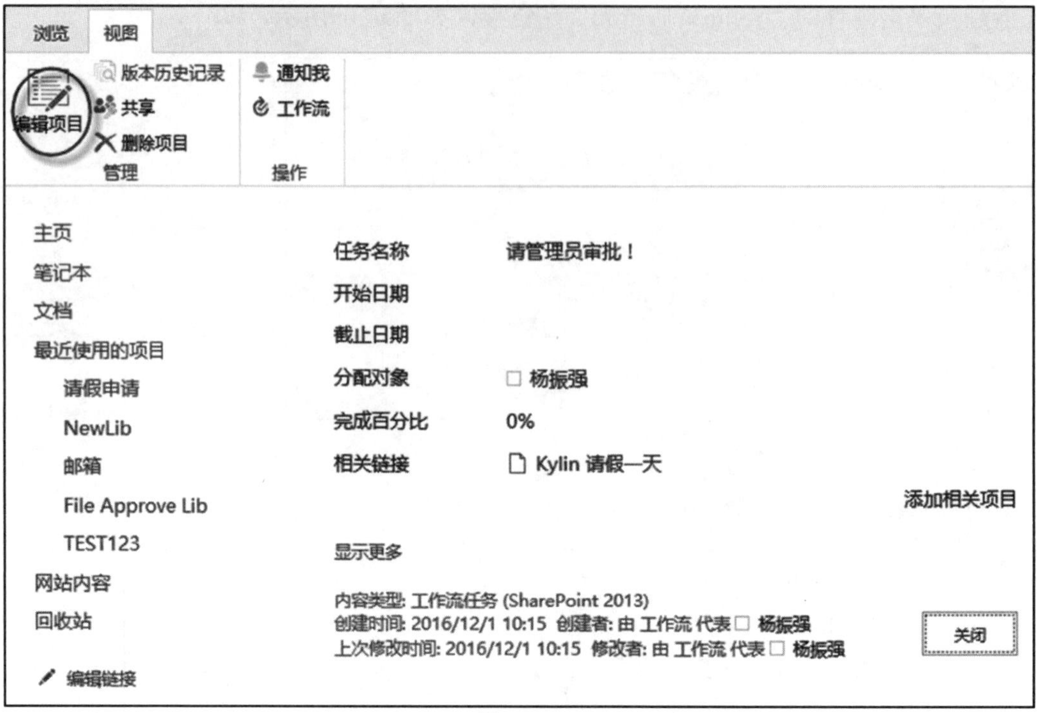

图 5-112

单击"已拒绝"按钮，如图5-113所示。

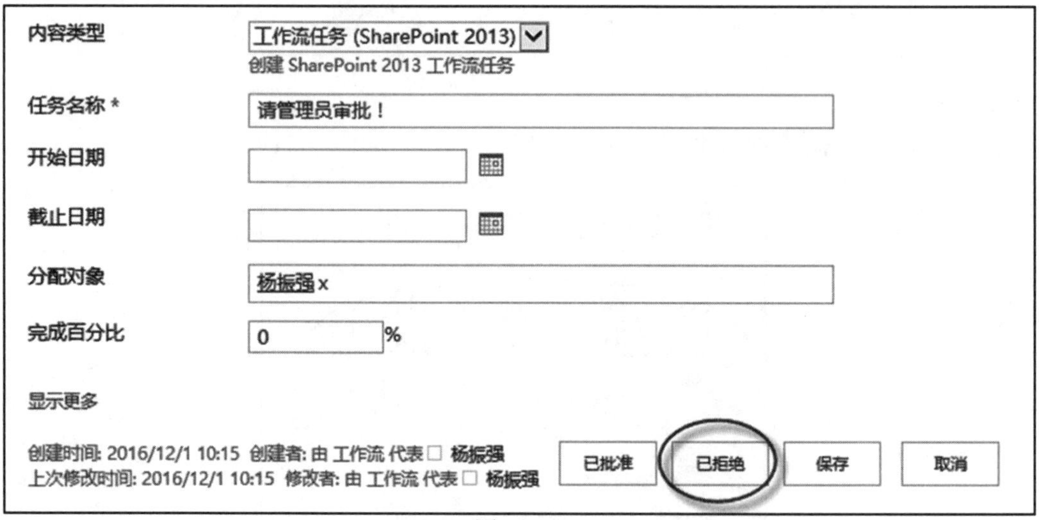

图 5-113

此时请假审批状态为"申请驳回"，工作流状态为"管理员已驳回申请"，如图5-114所示。

标题		请假理由	请假开始时间	请假结束时间	请假审批状态	请假审批工作流
Kylin 请假一天 ※	...	孩子7天请客吃饭	2016/12/1	2016/12/2	待管理员审批	管理员审批中
Kylin 请假一天 ※	...	孩子12天请客吃饭	2016/12/3	2016/12/4	申请驳回	管理员已驳回申请

图 5-114

（3）请假申请三（管理员批准，工作组组长不做任何操作）。

管理员邮箱收到请假邮件（管理员批准的步骤同步骤2，只不过是单击"已批准"按钮）。工作组组长邮箱收到请假邮件，如图5-115所示。

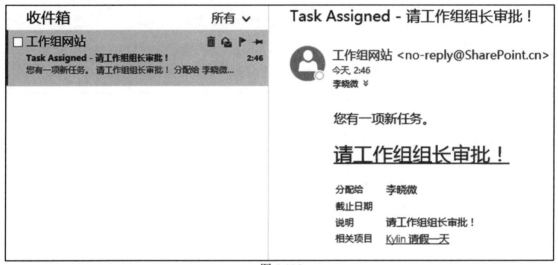

图 5-115

此时请假审批状态为"管理员审批完成，待组长审批"，工作流状态为"工作组组长审批中"，如图5-116所示。

标题		请假理由	请假开始时间	请假结束时间	请假审批状态	请假审批工作流
Kylin 请假一天 ※	...	孩子7天请客吃饭	2016/12/1	2016/12/2	待管理员审批	管理员审批中
Kylin 请假一天 ※	...	孩子12天请客吃饭	2016/12/3	2016/12/4	申请驳回	管理员已驳回申请
Kylin 请假一天 ※	...	孩子满月请客吃饭	2016/12/5	2016/12/6	管理员审批完成，待组长审批	工作组组长审批中

图 5-116

（4）请假申请四（管理员批准，工作组组长拒绝）。

管理员邮箱收到请假邮件（管理员批准的步骤同步骤2，只不过是单击"已批准"按钮）。工作组组长邮箱收到请假邮件（工作组组长的拒绝步骤同步骤2，只不过是先单击邮件中的"请工作组组长审批！"超链接，再单击"已拒绝"按钮）。

此时请假审批状态为"申请驳回"，工作流状态为"组长已驳回申请"，如图5-117所示。

图 5-117

（5）请假申请五（管理员批准，工作组组长批准，流程结束）。

管理员邮箱收到请假邮件（管理员批准的步骤同步骤2，只不过是单击"已批准"按钮）。

工作组组长邮箱收到请假邮件（工作组组长的批准步骤同步骤2，只不过是先单击邮件中的"请工作组组长审批！"超链接，再单击"已批准"按钮）。

此时请假审批状态为"申请通过"，工作流状态为"审批结束"，如图5-118所示。

图 5-118

注意：

多级审批工作流可以参考二级请假审批工作流，可以设置多个审批者，多个阶段的审批。

5.4　SharePoint Online 工作流开发工具 Visual Studio 介绍

Visual Studio是美国微软公司的开发工具包系列产品。Visual Studio是一个基本完整的开发工具集，它包括了整个软件生命周期中所需要的大部分工具，如UML工具、代码管控工具、集成开发环境（IDE）等。所写的目标代码适用于微软支持的所有平台，包括Microsoft Windows、Windows Mobile、Windows CE、.NET Framework、.NET Compact Framework和Microsoft Silverlight及Windows Phone。

Visual Studio是目前最流行的Windows平台应用程序的集成开发环境。最新版本为Visual Studio 2019 版本，基于.NET Framework 4.5.2。

使用Visual Studio 2019可以开发出高度复杂的、灵活的、定制化的工作流，而且可以开发自定义操作，被SharePoint Designer 2013调用。

使用Visual Studio，您能够灵活创建工作流以支持几乎所有的业务流程，并允许调试和重复使用工作流定义。更重要的是，Visual Studio可让开发人员将SharePoint工作流作为更大的SharePoint解决方案或SharePoint外接程序的一部分。

Visual Studio使开发人员能够创建可供SharePoint Designer使用的自定义操作，并提供执行自定义逻辑的方式。利用Visual Studio，开发人员还可以创建可部署到多个网站的工作流模板。

5.5　SharePoint Online 工作流排错

5.5.1　列表中添加工作流提示没有可用的工作流模板

（1）在列表的经典界面，单击"列表"|"工作流设置"|"添加工作流"，如图5-119所示。

图 5-119

（2）我们会发现报错为：很抱歉，出现了问题。没有可用的工作流模板。请与技术支持联系，如图5-120所示。

```
很抱歉，出现了问题

没有可用的工作流模板。请与技术支持联系。

技术详细信息
Microsoft SharePoint Foundation 疑难解答。
相关 ID: 80980b9f-f0b9-0000-0ee8-f53e5f45b83f
日期和时间: 2019/10/7 10:54:05

返回网站
```

图 5-120

这些工作流模板是Workflow 2010的模板。由于中国版SharePoint Online不支持Workflow 2010，只支持Workflow 2013，因此，没有Workflow 2010的模板可用。需要用SharePoint Designer 2013自行编写Workflow 2013。模板情况如图5-121所示。

SharePoint Store	是	是	是	是	是	是	是
SharePoint 2010 工作流 (.NET 3.5)	否	否	否	否	否	否	否
SharePoint 2010 工作流（现成）	否	否	否	否	否	否	否

图 5-121

5.5.2 工作流没有自动触发

原因：在SharePoint Designer 2013中，打开该工作流，在工作流查看和管理设置页面，在Start Options处，没有选择第二个选项"当一个项目被创建，自动触发工作流"和第三个选项"当一个项目被修改，自动触发工作流"。使得当创建或者修改一个项目时，没有自动触发工作流，只能手动触发。

解决方法：选择上面两个选项后，再依次单击页面左上角的"Save（保存）"和"Publish（发布）"按钮，使更改保存并发布到站点上，如图5-122所示。

第 5 章 SharePoint Online 工作流

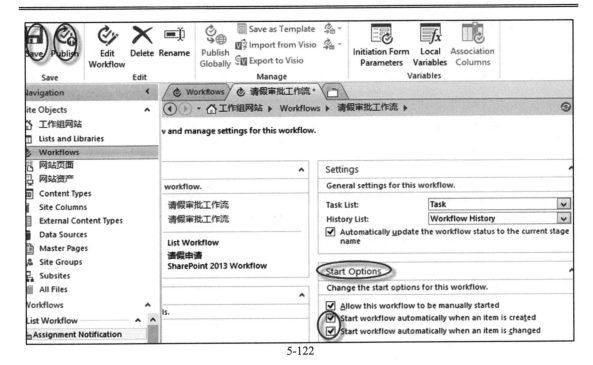

图 5-122

5.5.3 SharePoint 文档上传失败，报 StoreBusyRetryLater 错误

报错信息如图5-123和图5-124所示。

图 5-123

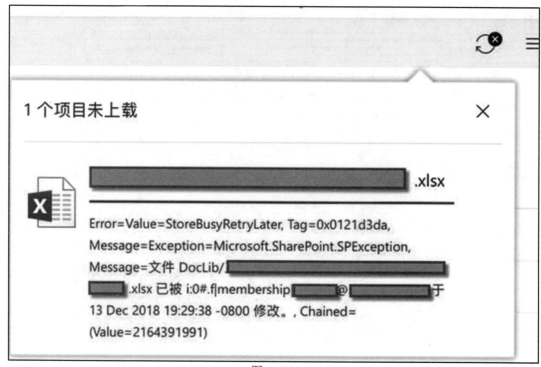

图 5-124

排错步骤/解决方法

原因:

用户针对这个文档库设置了工作流,该工作流针对文档库项目(文件、文件夹)的特定列添加特定值,由于文件正在上传中,还没有完全传完,但是已经触发了工作流,使得它的某列要被赋予某些值,从而造成两者时间上的冲突。

两种方法可以解决:

(1)将此文档库的工作流通过SharePoint Designer 2013,设置成手动启动,选择自动启动的两个选项,等文档上传完成后,再手动启动工作流,避免同一时间两种行为的冲突,如图5-125所示。

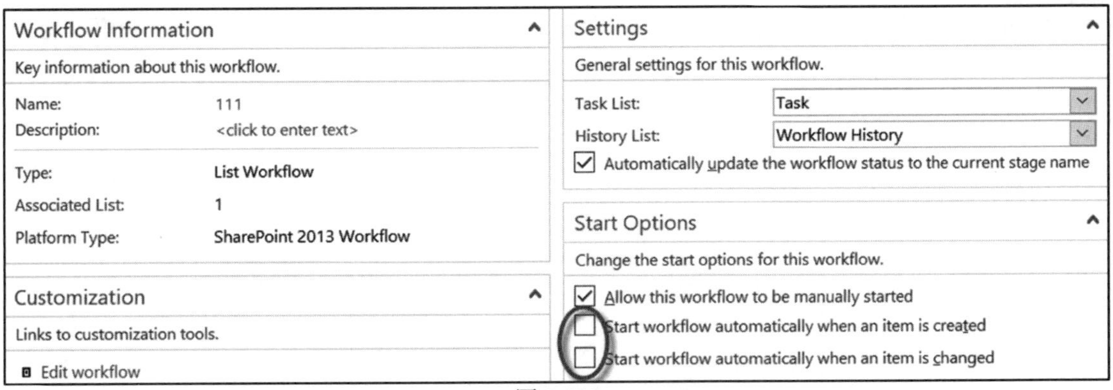

第 5 章 SharePoint Online 工作流

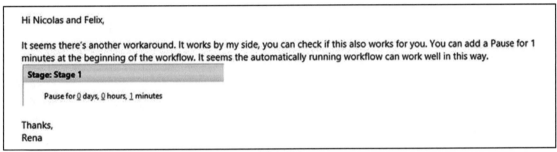

图 5-125

（2）添加一条延迟1分钟启动工作流的第一阶段，如图5-126所示。

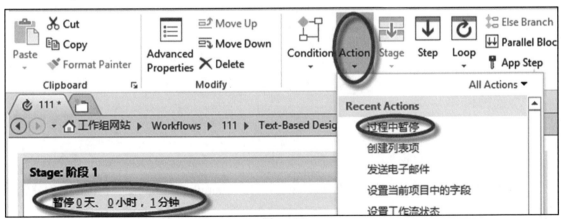

图 5-126

编辑工作流，在第一阶段的开始处设置"过程中暂停"，设置时间为最低1分钟即可，如图5-127所示。

图 5-127

注意：

"过程中暂停"这个选项位于"Action"下拉菜单的"核心操作"区域中。

5.5.4 英文的 SharePoint Designer 工作流的条件和操作列表却显示中文

报错情况如图5-128所示。

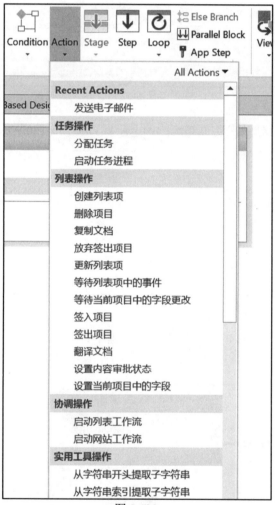

图 5-128

排错步骤/解决方法

如果SharePoint Designer是英文版本,并且打开的SharePoint Online站点默认的创建语言也是英文的话,工作流的条件和操作列表才显示成英文,如图5-129和图5-130所示。

第 5 章　SharePoint Online 工作流

图 5-129

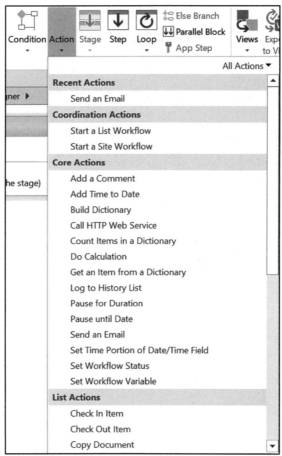

图 5-130

第6章 移动应用

6.1 OneDrive App

6.1.1 OneDrive for Android

通过移动设备上的OneDrive应用可以随时随地访问、上传和共享文件。对于Android手机和平板电脑，我们可以从应用商店中下载OneDrive应用。本书中，我们以版本5.33.4为例介绍OneDrive应用。

打开OneDrive应用，在登录页面及随后的页面输入Microsoft 365的账号和密码进行登录，如图6-1和6-2所示。

图 6-1

图 6-2

第 6 章 移 动 应 用

1. "我"账户

在"我"账户页面单击左上角的图标,添加其他账户,如图6-3和图6-4所示。

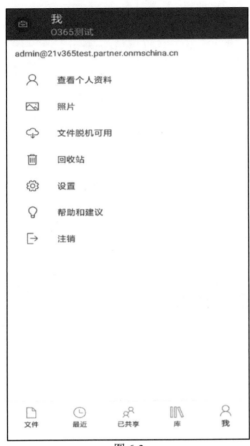

图 6-3　　　　　　　　　　　　　　图 6-4

- 查看个人资料

单击"查看个人资料",可以查看账户的电子邮件地址,单击"显示更多"可以调用Outlook客户端给该邮件地址新建邮件,如图6-5、图6-6和图6-7所示。

　　　图 6-5　　　　　　　　　　　　　　　图 6-6

图 6-7

- 照片

单击"照片",打开"相机上传",可以自动备份手机上的照片和视频。目前此功能不可用,如图6-8所示。

图 6-8

第6章 移动应用

- 回收站

"回收站"中会显示删除的文件，单击文件右侧的三个点，可以选择继续删除或者还原，如图6-9所示。

图 6-9

选择回收站中文件后面的更多选项，可进行文件的删除及还原，如图6-10所示。

图 6-10

- 设置

单击"设置"按钮,打开的设置页面如图6-11所示。

图 6-11

2. 文件

在底部的"文件"选项卡中可以看到OneDrive中的所有文件，可以试图更改文件排序，如图6-12所示。

在这里也可以单击任意文件尾部的更多选项，进行文件拓展功能，包括分享等功能，如图6-13所示。

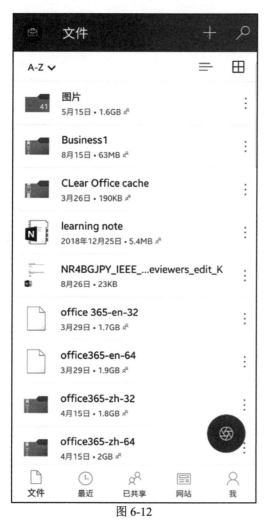

图 6-12

图 6-13

也可以单击右下角的蓝色按钮进行图片文件、白板等类型文件的扫描，然后上传至OneDrive中，如图6-14所示。

3. 最近

这一部分则很直观，就是用户最近编辑或者上传的一些新文件，如图6-15所示。

图 6-14　　　　　　　　　图 6-15

4. 已共享

在"已共享"中可以查看用户进行共享的文件，以及别人共享给用户的文件，如图6-16所示。

5. 网站

在网站模块中可以查看用户所关注的SharePoint站点，如图6-17所示。

第 6 章 移动应用

图 6-16

图 6-17

6.1.2　OneDrive for iOS

对于iPhone和iPad，可以从应用商店中下载OneDrive应用。打开的OneDrive如图6-18所示。

图 6-18

6.2 SharePoint App

6.2.1 SharePoint for Android

1. 我

在"我"选项卡中的"最近"列表中可以看到,最近在手机端编辑过的网站、文档、列表等操作都会记录在此。而"已保存"列表中则会显示从手机端保存到SharePoint站点的文件,如图6-19所示。

图 6-19

在"我"账户页面，可以单击右上角的图标，添加其他账户、查看软件版本信息等，如图6-20所示。

图 6-20

- 查看个人资料

单击我的个人资料之后便可以看到与我有关的一些信息，如图6-21所示。

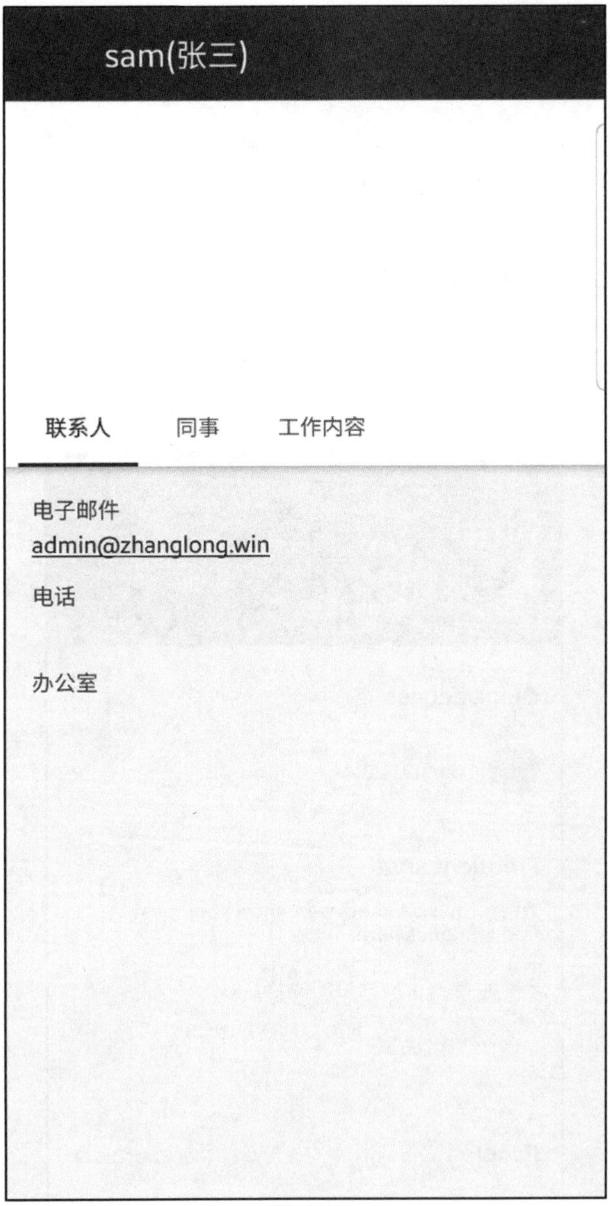

图 6-21

2. 人员

在这里可以看到您的联系人信息。

3. 链接

在这个栏目中可以看到组织中添加的链接及资源。

4．网站

在该选项卡中可以看到您所关注的SharePoint站点，可以进行访问、文件上传和新闻发布。

5．新闻

在这里可以看到您所关注的网站等SharePoint所添加的新闻信息。

6．查找

使用查找功能可以在整个SharePoint站点中查找您所想要找到的信息。

6.2.2　SharePoint for iOS

对于iPhone和iPad，可以从应用商店下载SharePoint应用。其内容与安卓版本一致。上述安卓版本中的功能，皆可在iOS版本中找到并使用，如图6-22所示。

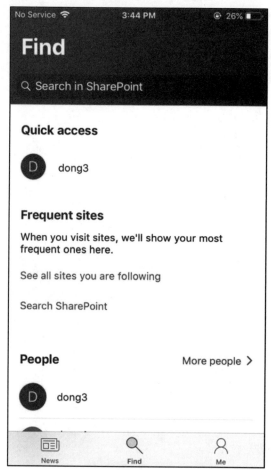

图 6-22

第 7 章　SharePoint Online 混合部署

很多企业在使用SharePoint Online服务之前就已经拥有了自己的SharePoint Server服务器场，而借助于SharePoint Online混合部署服务，就可以把云端的服务和本地的SharePoint Server相集成，从而提供统一的功能和权限。与此同时，对于想把本地的SharePoint Server迁移至云端的企业，SharePoint Online混合环境也提供了一个阶段性的迁移途径。

在开始SharePoint混合部署之前，我们需要确定我们的SharePoint混合解决方案，目前Microsoft 365提供了四种不同类型的混合功能，分别是OneDrive for Business混合配置、站点功能混合配置、云混合搜索配置（包括出站和入站的混合搜索）、Business Connectivity Service混合部署。我们将通过以OneDrive for Business混合配置和云混合搜索配置为例，进行SharePoint Online混合部署。

7.1　SharePoint Server 的升级与更新

Microsoft会定期发布适用于SharePoint软件的更新，这些更新包括跨版本的更新，比如从SharePoint 2013升级至SharePoint 2019。所有的升级方案都是一致的，没有从SharePoint 2013直接升级到SharePoint 2019的快捷路径。若要升级到SharePoint 2019，必须先将SharePoint 2013升级至SharePoint 2016，然后升级至SharePoint 2019，相对应的数据库也必须升级为更高版本，否则无法升级。

7.1.1　SharePoint 2013 的硬件和软件要求

SharePoint 2013提供了许多安装方案。目前，这些安装包括带有内置数据库的单台服务器安装，以及具有单台服务器和多台服务器的服务器场安装。本章介绍了在上述每个方案中SharePoint 2013的硬件和软件要求。

带有内置数据库的单服务器安装，以及在多服务器场安装中运行SharePoint 2013 的Web和应用程序服务器安装，如表7-1所示。表中的值是最小值。

对于所有安装方案，您必须具有足够的硬盘空间进行基本安装和足够的空间进行诊断，如日志记录、调试、创建内存转储等。若要满足生产用途，还必须为日常操作提供额外的可用磁盘空间。此外，可用磁盘空间应维持在用于生产环境的RAM的两倍。

表 7-1

安装方案	部署类型和规模	RAM	处理器	硬盘空间
带有内置数据库的单台服务器或使用 SQL Server 的单台服务器	使用建议用于开发环境的最低服务来开发或评估 SharePoint Server 2013 或 SharePoint Foundation 2013 的安装	8 GB	64 位,4 个内核	80 GB（用于系统驱动器）
带有内置数据库的单台服务器或使用 SQL Server 的单台服务器	开发或评估运行 Visual Studio 2012 的 SharePoint Server 2013 或 SharePoint Foundation 2013 的安装,建议用于开发环境的最低服务	10 GB	64 位,4 个内核	80 GB（用于系统驱动器）
带有内置数据库的单台服务器或使用 SQL Server 的单台服务器	开发或评估运行所有可用服务的 SharePoint Server 2013 的安装	24 GB	64 位,4 个内核	80 GB（用于系统驱动器）
三层服务器场中的 Web 服务器或应用程序服务器	SharePoint Server 2013 或 SharePoint Foundation 2013 的试验、用户验收测试或产品部署	12 GB	64 位,4 个内核	80 GB（用于系统驱动器）

7.1.2 部署 SharePoint 2013 的软件更新

本书将以SharePoint Server 2013为测试环境，进行SharePoint的混合部署。首先我们要对我们的SharePoint 2013服务器进行软件的更新。

SharePoint Server 2013更新的过程分为两个阶段：修复程序阶段和内部版本升级阶段。每个阶段都有特定的步骤和结果。

1. 修复程序阶段

修复程序阶段有两个步骤：修复程序部署步骤和二进制文件部署步骤。在修复程序部署步骤中，新的二进制文件复制到运行SharePoint 2013 的服务器中。使用修复程序需要替换的文件的服务会暂时停止。停止服务会减少重新启动服务器以替换所使用文件的需要。然而，在某些实例中，您必须重新启动服务器。

修复程序阶段的第二步是二进制文件部署步骤。在此步骤中，安装程序将支持动态链接库（.dll）文件复制到运行SharePoint 2013 的服务器上的适当目录中。该步骤可确保所有Web应用程序运行正确的二进制文件版本，并在安装更新后正常运行。完成二进制文件部署步骤后，更新阶段完成。

部署软件更新的下一个阶段是内部版本升级阶段，也是最后一个阶段。该阶段修改数据库架构、更新服务器场中的对象，并更新网站集。

2. 内部版本升级阶段

完成修复程序阶段后，您必须通过启动内部版本升级阶段完成更新安装。内部版本升级阶段是任务密集型，因此花费最多时间才能完成。第一个操作是升级正在运行的所有 SharePoint 过程。升级过程后，将对数据库进行爬网和升级。完成一个服务器上的服务器场升级后，您必须在其他所有服务器上完成该过程以维护兼容问题。

7.1.3 软件更新策略

我们选择的更新策略主要基于以下因素之一：
- 安装此更新可接受的停机时间。
- 可用于减少停机时间的额外人员和计算资源。

确定更新策略后，请考虑如何能够通过策略管理和控制更新。

在减少停机时间方面，可以使用以下选项（按从最多到最少停机时间排序）：
- 安装更新，并且不推迟升级的时间。
- 安装更新，并且推迟升级的时间。

7.1.4 更新后的测试与常见问题

1. 测试

测试的严谨、周密及详细程度决定着软件更新部署成功与否。在计算机的生产环境中，没有安全的快捷方式，但有因测试不充分导致的后果。

2. 常见问题

确定并解决常见问题，例如，将安装更新的服务器上依赖项缺失或过时及服务器空间不足。我们提供了2个SharePoint 2013在升级过程中常见的案例。

- 由于以下错误，安装程序无法继续：此产品需要Microsoft .Net Framework 4.5，如图7-1所示。

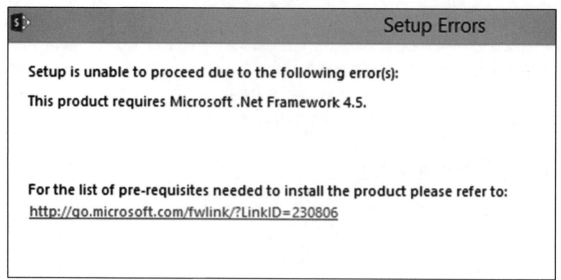

图 7-1

这是一个已知的问题，因为高版本的.NET Framework服务不能被识别。微软已经给出了修复的DLL文件。从微软的官方网站下载修复的DLL文件，然后将文件解压之后，放到安装目录的updates文件夹下即可，如图7-2所示。

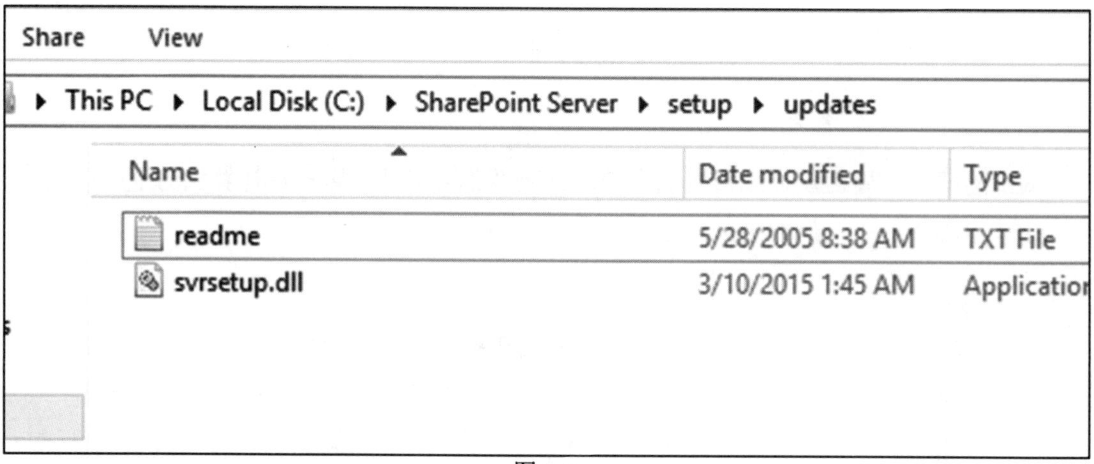

图 7-2

- 可能出现运行向导时无法配置应用角色的问题，如图7-3所示。

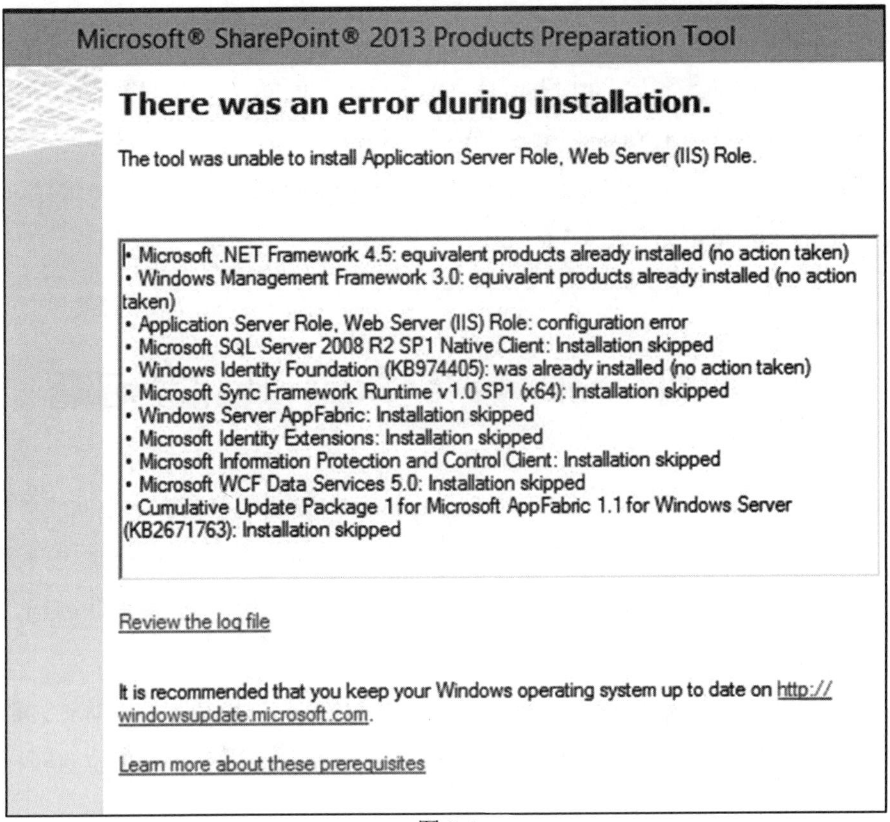

第 7 章　SharePoint Online 混合部署

图 7-3

此问题可以通过运行 PowerShell 命令解决，参考如下命令行：

Import-Module ServerManager

Copy-Item -Path "$($ENV:SystemRoot)\System32\ServerManager.exe" `
-Destination "$($ENV:SystemRoot)\System32\ServerManagerCmd.exe" -Force

Add-WindowsFeature NET-WCF-HTTP-Activation45，NET-WCF-TCP-Activation45，NET-WCF-Pipe-Activation45

Add-WindowsFeature Net-Framework-Features，Web-Server，Web-WebServer，`
Web-Common-Http，Web-Static-Content，Web-Default-Doc，Web-Dir-Browsing，`
Web-Http-Errors，Web-App-Dev，Web-Asp-Net，Web-Net-Ext，Web-ISAPI-Ext，`
Web-ISAPI-Filter，Web-Health，Web-Http-Logging，Web-Log-Libraries，Web-Request-Monitor，`
Web-Http-Tracing，Web-Security，Web-Basic-Auth，Web-Windows-Auth，Web-Filtering，`
Web-Digest-Auth，Web-Performance，Web-Stat-Compression，Web-Dyn-Compression，`
Web-Mgmt-Tools，Web-Mgmt-Console，Web-Mgmt-Compat，Web-Metabase，Application-

Server,`

AS-Web-Support,AS-TCP-Port-Sharing,AS-WAS-Support,AS-HTTP-Activation,`
AS-TCP-Activation,AS-Named-Pipes,AS-Net-Framework,WAS,WAS-Process-Model,`
WAS-NET-Environment,WAS-Config-APIs,Web-Lgcy-Scripting,Windows-Identity-Foundation,`
Server-Media-Foundation,Xps-Viewer

Restart-Computer

7.2 规划 OneDrive for Business 混合部署

在SharePoint Server中，默认OneDrive for Business的数据是存储在本地的服务器场中的，这无疑占用了很多本地的资源。我们可以将用户的OneDrive for Business重定向到Microsoft 365云中，即当我们访问OneDrive for Business的时候，会自动指向云端的OneDrive站点，这就是OneDrive for Business混合部署。

使用混合部署之后的OneDrive for Business，不管是在云中还是本地的数据，都可以为用户提供高容量的存储、更简便的共享、更灵活的管理，并允许用户从任何位置轻松地访问数据。

7.2.1 启用 OneDrive for Business 混合部署的功能

配置完OneDrive for Business的用户可以实现如下功能。
- 将用户当前处理的个人文件存储在云中，并且在未登录公司网络的情况下访问这些文件。
- 在iPhone、Android和平板电脑等设备上访问这些文件。
- 与组织中的其他人或使用来宾链接的外部用户进行文档共享与协作。

而管理员可以执行如下操作。
- 为用户提供云端存储，数据不再占用本地资源。
- 根据需要为云中的用户增加存储，以25GB~100 GB为增量，最大可以扩容至无限空间。
- 继续提供SharePoint功能，与在本地服务器场中一样。

首先，我们需要在SharePoint服务场启用用户OneDrive的功能，在此之前，需要先启用以下三个功能。
- Managed Metadata Service应用程序。
- My Sites主机站点。

- User Profile Service应用程序。

1．Managed Metadata Service 应用程序

创建Managed Metadata Service应用程序的具体步骤如下。

（1）在管理中心的"Application Management（应用程序管理）"区域，选择"Manage service applications（管理服务应用程序）"，如图7-4所示。

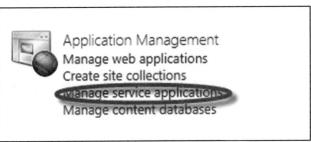

图 7-4

（2）单击"New"图标，在下拉菜单中选择"Managed Metadata Service"，如图7-5所示。

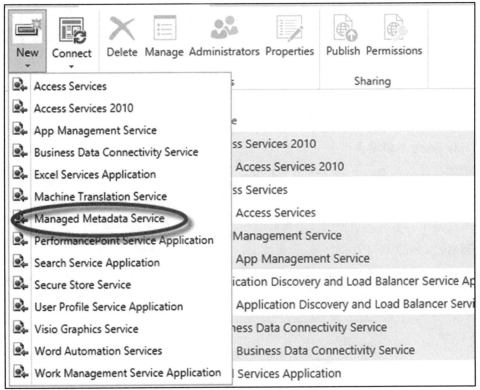

图 7-5

（3）填写应用的名称和数据库的名称，如图7-6所示。

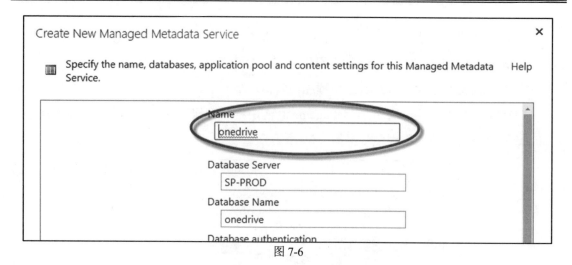

图 7-6

(4) 在"Application Pool（应用程序池）"区域，如图7-7所示进行设置。

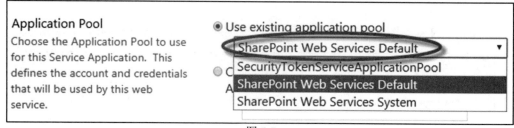

图 7-7

(5) 最后单击"OK"按钮，完成Managed Metadata Service的创建。

2. My Sites 主机站点

我们需要执行的第一个操作是为"My Sites"网站创建一个Web应用程序。我们建议"My Sites"应使用一个单独的Web应用程序，尽管该Web应用程序可能位于与其他协作网站共享的应用程序池中，或者它可能位于单独的应用程序池中，但是在共享的IIS网站中。

创建My Sites的Web应用程序的步骤如下。

(1) 在管理中心的"Application Management（应用程序管理）"区域选择"Manage Web application（管理Web应用程序）"，如图7-8所示。

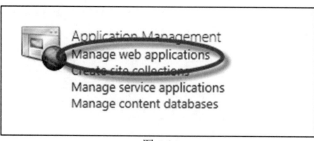

图 7-8

（2）在功能区上，单击"New"图标，如图7-9所示。

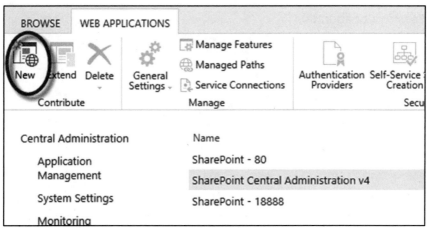

图 7-9

（3）在"IIS Web Site"区域，可以选择使用现有的IIS网站，或者新建IIS网站，还可以提供端口号、主机头或新IIS网站的路径，如图7-10所示。

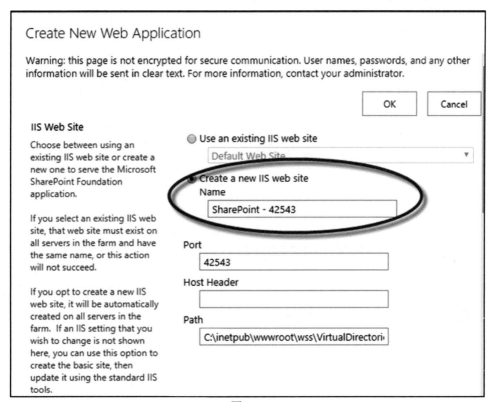

图 7-10

（4）在"Security Configuration（安全性配置）"区域，选择身份验证提供程序，确定是否允许匿名访问，以及是否使用安全套接字层（SSL），如图7-11所示。

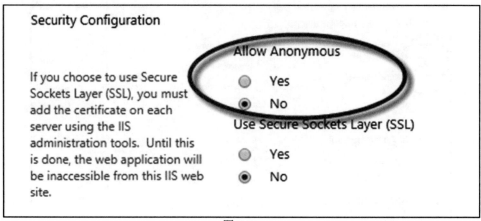

图 7-11

（5）在"Application Pool（应用程序池）"区域，可以使用现有的应用程序池，或者创建一个新的应用程序池，如图7-12所示。

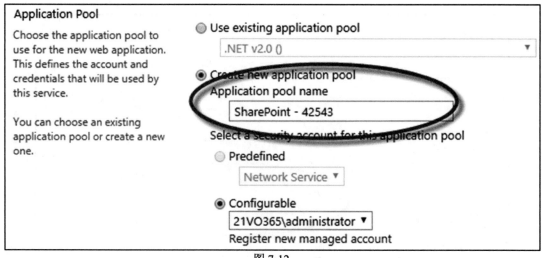

图 7-12

（6）在"Database Name and Authentication（数据库名称和验证）"区域，选择数据库服务器、数据库名称和新Web应用程序的身份验证方法，如图7-13所示。

第 7 章　SharePoint Online 混合部署

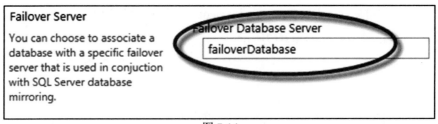

图 7-13

（7）如果使用数据库镜像，请在下面的对话框中输入要与内容数据库关联的特定故障转移数据库服务器的名称，如图7-14所示。

图 7-14

（8）在"Service Application Connections（服务应用程序连接）"区域对各选项进行设置，如图7-15所示。

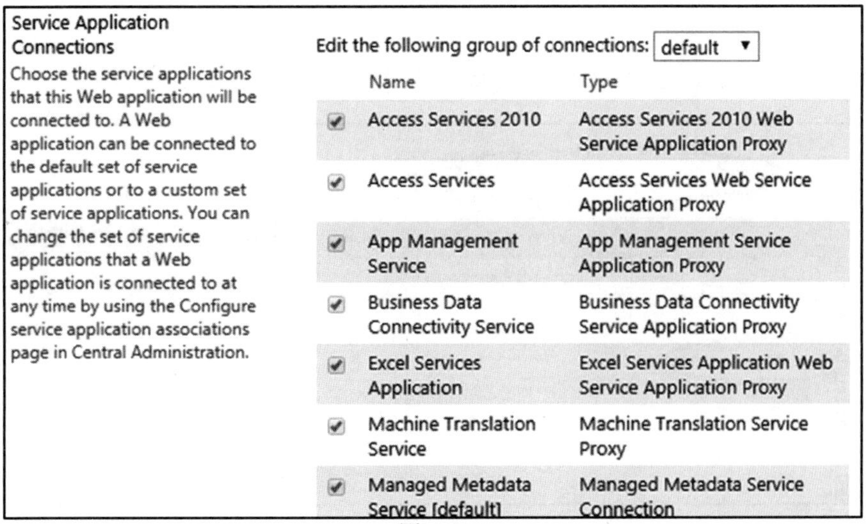

图 7-15

（9）创建新的Web应用程序，如图7-16所示。

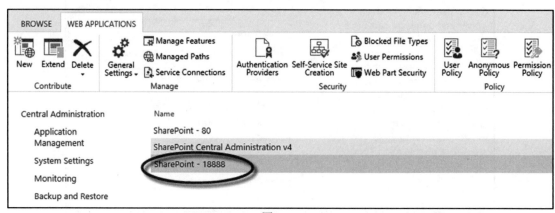

图 7-16

接下来，我们需要创建将承载用户的"My Sites"的网站集。

3. 创建"我的网站宿主"网站集的具体步骤

（1）在管理中心的"Application Management（应用程序管理）"区域选择"Create site collections（创建网站集）"，如图7-17所示。

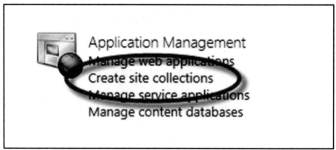

图 7-17

（2）在打开的页面上选择刚刚创建的Web应用程序，如图7-18所示。

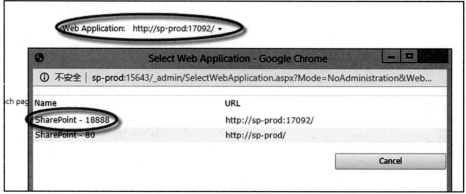

图 7-18

（3）在"Title and Description（标题和说明）"区域，输入网站集的标题和说明，如图7-19所示。

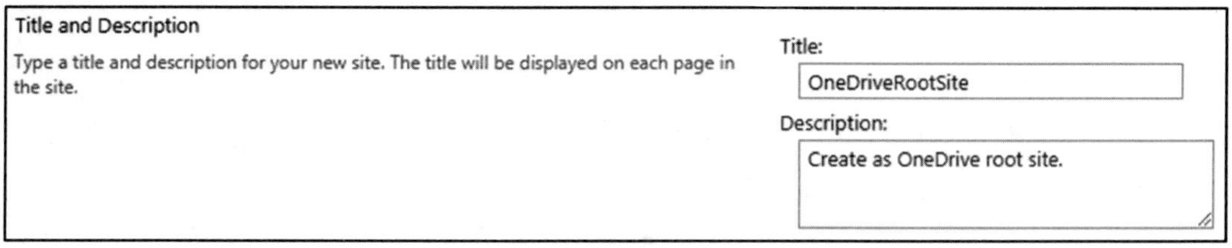

图 7-19

（4）在"Select a template（模板选择）"区域，打开"企业"选项卡，选择"My Site Host（我的网站宿主）"，如图7-20所示。

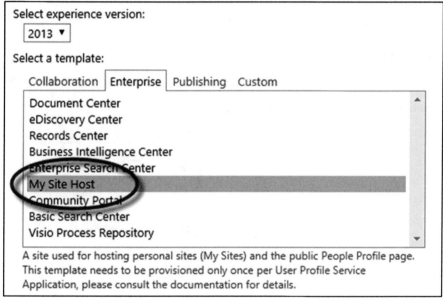

图 7-20

（5）在如下的区域，输入将成为网站集管理员的用户的用户名(形式为 <域>\<用户名>)，如图7-21所示。

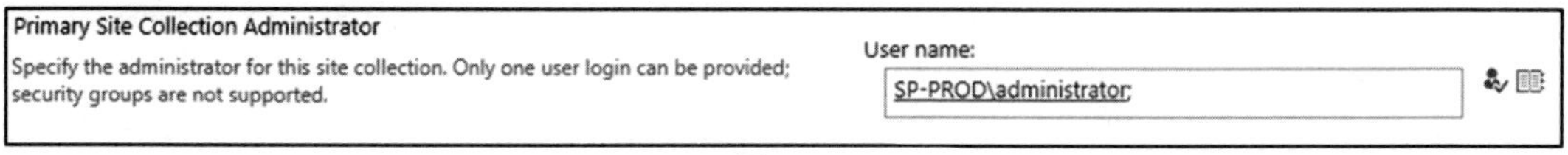

图 7-21

（6）在如下的区域，输入网站集的第二管理员的用户名，如图7-22所示。

图 7-22

（7）如果要使用配额来管理网站集的存储，请在"Quota Template（配额模板）"区域选择模板，如图7-23所示。

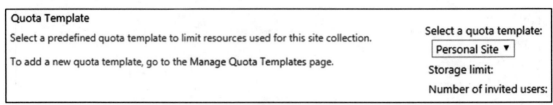

图 7-23

（8）单击"OK"按钮，完成网站集的创建。

创建我的网站宿主网站集后将显示"首要网站创建成功"页。尽管可以单击链接来浏览网站集的根目录，但这样做会导致错误，因为无法加载用户配置文件。接下来，我们将通过 User Profile Service来导入用户配置文件。

4．User Profile Service 应用程序

（1）在管理中心的"Application Management（应用程序管理）"区域中选择"Manage service applications（管理服务应用程序）"，如图7-24所示。

（2）单击"New"图标，在下拉菜单中选择如图7-25所示的选项。

图 7-24　　　　　　　　　　图 7-25

（3）在"Name（名称）"区域输入服务应用程序的名称，如图7-26所示。

第 7 章　SharePoint Online 混合部署

```
Edit User Profile Service Application

Specify the name and databases to use for this Service Application.

Name:            onedriveUserProfile
```

图 7-26

（4）在"Application Pool应用程序池"区域中，选择如图7-27所示的选项。

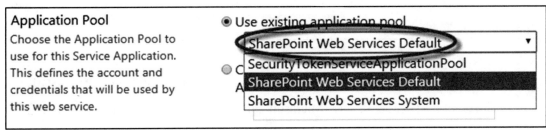

图 7-27

（5）在"My Site Host URL（我的网站宿主URL）"区域中，输入您创建的"My Site Host URL我的网站宿主"的URL，如图7-28所示。

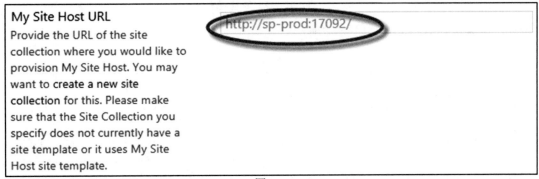

图 7-28

（6）单击"OK"按钮。

此时我们打开用户的OneDrive站点，就会跳转至My host站点，然后会给用户在这个站点下面创建个人网站，也就是我们的OneDrive站点，如图7-29所示。

为了避免用户混淆，请先确保以下操作执行完之后，再启用OneDrive for Business混合部署。

- 当启用 OneDrive for Business 混合部署时，用户单击 OneDrive 时，会跳转至 Microsoft 365 中的 OneDrive，所以请先将用户之前存储在本地的 OneDrive 数据迁移至云端，以避免用户数据丢失。

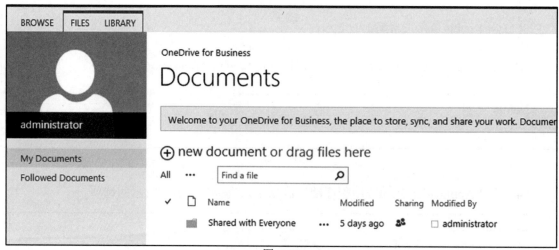

图 7-29

- 在 SharePoint Server 中的 OneDrive for Business 和 Microsoft 365 中的 OneDrive for Business 没有直接的链接,在 Microsoft 365 中的用户"与我共享"列表中才会显示 SharePoint Server 中与用户共享的文档。

7.2.2 OneDrive for Business 混合部署线路图

我们需要按照顺序执行以下步骤,如果已经在其他线路图中完成某个步骤,则可以跳过该步骤,然后转到下一步骤,如表7-2所示。

表 7-2

步　骤	说　明
1. 配置 Microsoft 365 实现 SharePoint 混合	为您的混合环境配置 Microsoft 365 租户,包括注册域、配置 UPN 后缀并同步您的用户账户
2. 设置混合环境的 SharePoint 服务	配置混合搜索所需的 SharePoint 服务,包括 User Profiles Service、MySites Service 和 Application Management Service
3.(仅限 SharePoint Server 2013)下载 SharePoint Server 2013 Service Pack 1	请确保已在 SharePoint Server 2013 场上至少安装 Service Pack 1,否则 OneDrive for Business 重定向选项将不可用
4. 将 OneDrive for Business 用户重定向到 Microsoft 365	在 SharePoint 管理中心网站中配置混合 OneDrive for Business
5. 快速测试	检查以确保 OneDrive for Business 将被重定向到 Microsoft 365: 以普通用户的身份登录 SharePoint Server(如果使用了受众,请确保是正确受众的成员)。 单击应用启动器中的 OneDrive。 浏览器地址栏中的 URL 应从本地场 URL 更改为 SharePoint Online 的个人网站 URL

7.2.3 配置 Microsoft 365 和 SharePoint 集成

在配置混合环境之前，必须设置Microsoft 365企业版与SharePoint Server之间的集成。请按本文所述执行下列步骤。

（1）注册Microsoft 365。

此时我们应该已经拥有了Microsoft 365的账号。

（2）将域注册到Microsoft 365 中，如图7-30所示。

图 7-30

（3）分配UPN的域后缀，如图7-31所示。

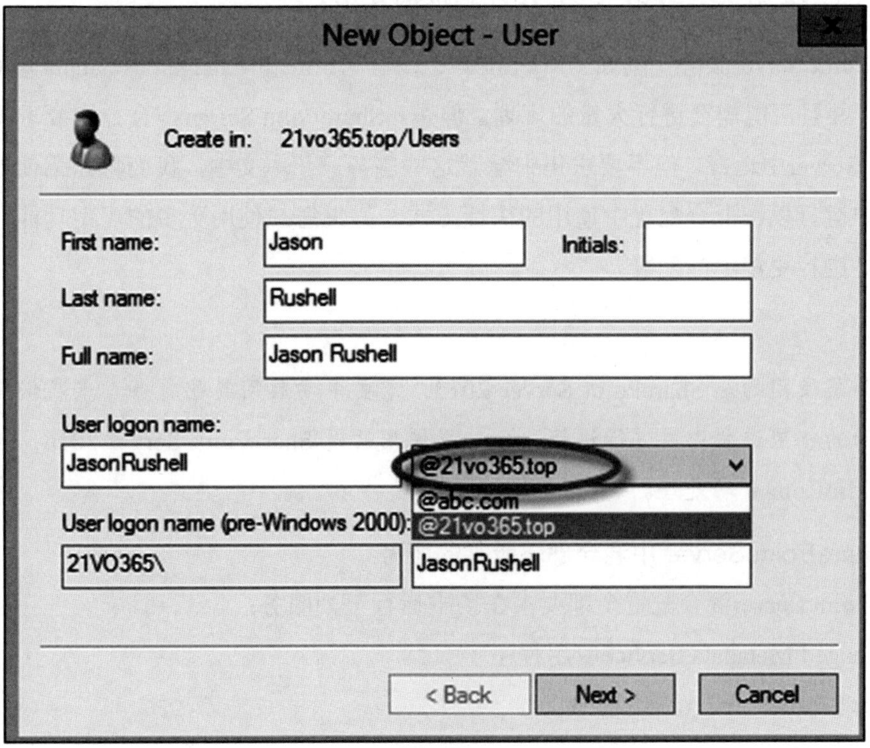

图 7-31

（4）将账户与Microsoft 365 同步。

我们需要通过目录同步工具将用户同步至Microsoft 365。

（5）将许可证分配给用户，如图7-32所示。

☐	Test User	user1@21vo365.top	Office 365 计划 E3	在云中
☐	Test User1	Setsuna@21vo365.top	Office 365 计划 E3	在云中
☐	Test User2	Haruki@21vo365.top	Office 365 计划 E3	在云中
☐	yangzixi	yangzixi@21vo365.top	未授权	在云中
☐	YuQuan	yuquan@21vo365.top	未授权	在云中
☐	Zhang Fei	zhangfei@21vo365.top	未授权	在云中
☐	Zhang San	zhang.san@21Vo365.top	Office 365 计划 E3	已与 Active ...

图 7-32

用户必须有Microsoft 365 中的许可证，才能使用混合功能。在账户同步后，将许可证分配给用户。

您可能已经完成了其中一些步骤。如果是这样，则无须重复已完成的步骤。但请务必在配置混合环境之前，按以上所述的顺序执行每一步骤。

7.2.4 设置 SharePoint 混合部署的服务

SharePoint Server服务（例如"My Sites"、User Profile和Managed Metadata）可能对部署造成挑战，并且可能需要进行大量的规划。但是，SharePoint Server混合方案要求多项服务在SharePoint Server中运行，但不要求集中配置这些服务。在本文中，我们将介绍使这些服务在服务器场中运行以在混合配置中使用的快捷方式。如果您想使用更多的可用功能，稍后可以对这些服务进行更集中的配置。

注意：

　　如果使用的是SharePoint Server 2013，需要手动启用某些服务。（我们将在本文后面的相应过程中再进行讲解。）如果使用的是SharePoint Server 2016，这些服务由 MinRole 自动处理。

1．SharePoint Server 中混合部署所需的服务

SharePoint Server混合配置全都要求在场中运行下列服务：

- Managed Metadata Service应用程序
- User Profile Service应用程序
- 我的网站

如果您正在设置OneDrive for Business，这些是您唯一需要的服务。如果您正在设置混合搜索或混合网站功能，我们会在下一节中介绍一些其他要求。

如果已配置这些服务，无须为了混合配置而添加它们的其他实例。我们开始配置混合的特定设置。

配置混合特定设置的方法如下。

混合使用Microsoft SharePoint Foundation Subscription Settings Service，该服务默认情况下在SharePoint Server中处于关闭状态。使用以下过程可将其启用。

启用Microsoft SharePoint Foundation Subscription Settings Service的具体步骤如下。

（1）在"System Settings（系统设置）"下，选择"Manage services on server（管理服务器上的服务）"，如图7-33所示。

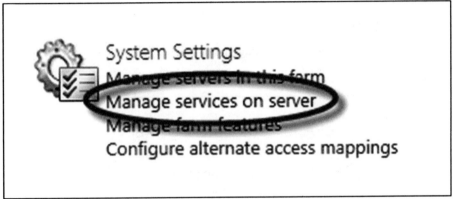

图 7-33

（2）对于"Microsoft SharePoint Foundation Subscription Settings Service"，启用自动设置，如图7-34所示。

图 7-34

还需要具有Subscription Settings Service应用程序和代理，这些必须通过使用Microsoft PowerShell进行创建。使用 New-SPSubscriptionSettingsServiceApplication 中提供的示例脚本，参考如下命令，如图7-35所示。

$sa = New-SPSubscriptionSettingsServiceApplication -ApplicationPool 'SharePoint Web Services Default' -Name 'Subscriptions Settings Service Application' -DatabaseName 'Subscription'

New-SPSubscriptionSettingsServiceApplicationProxy -ServiceApplication $sa

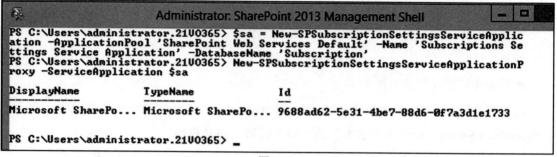

图 7-35

在混合环境中，我们需要在User Profile Service与Active Directory域服务之间配置同步连接。如果尚未配置，请使用以下过程来执行此操作。

2．配置同步连接的具体步骤

（1）在管理中心的"Application Management（应用程序管理）"区域中选择"Manage content databases（管理内容数据库）"，如图7-36所示。

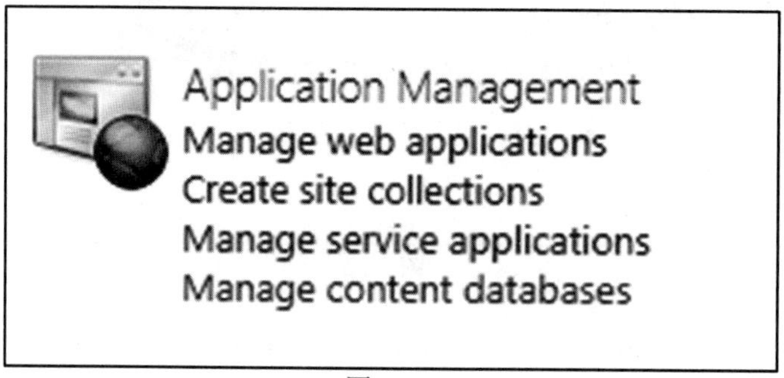

图 7-36

（2）选择"User Profile Service Application"，如图7-37所示。

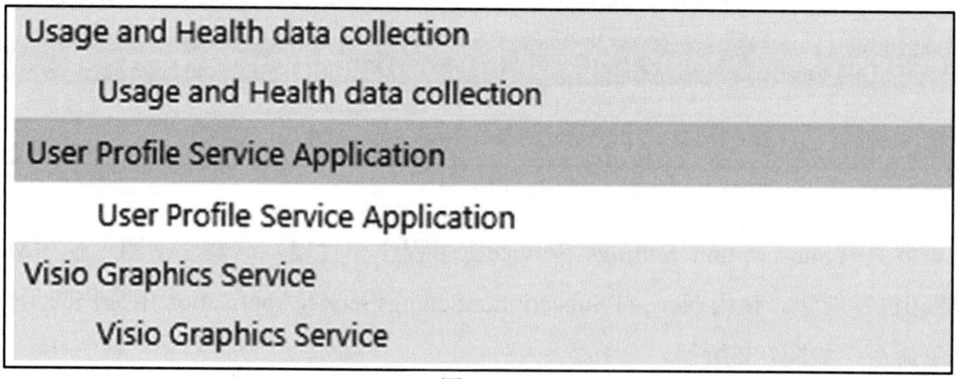

图 7-37

（3）如图7-38所示，配置同步连接。

Synchronization
Configure Synchronization Connections | Configure Synchronization Timer Job

图 7-38

（4）如图7-39所示，创建新连接。

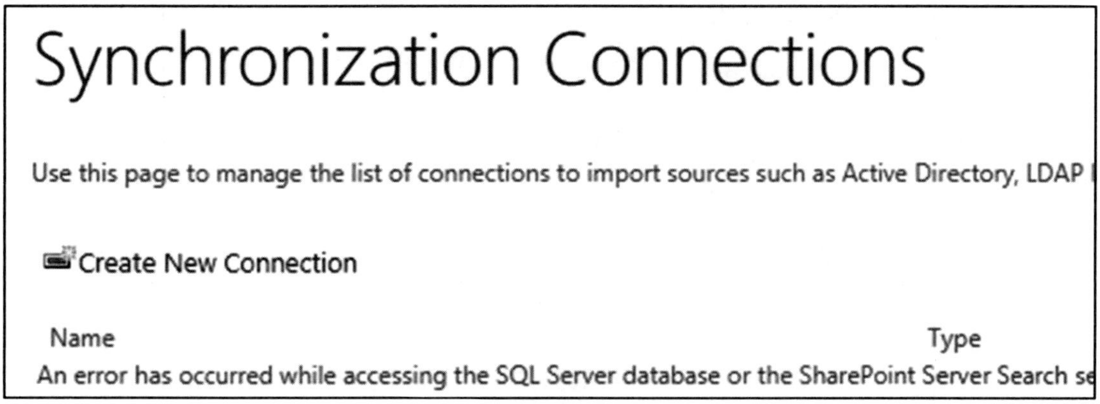

图 7-39

（5）在如下区域中键入连接的名称，如图7-40所示。

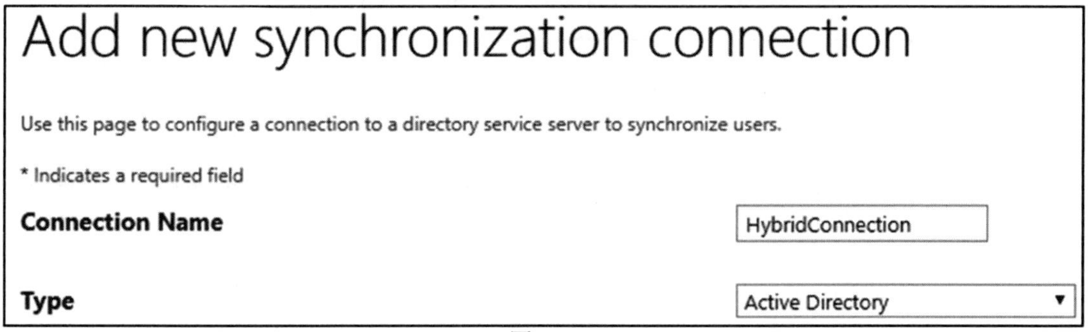

图 7-40

（6）在如下区域中输入测试域的名称，例如21vo365.top，如图7-41所示。

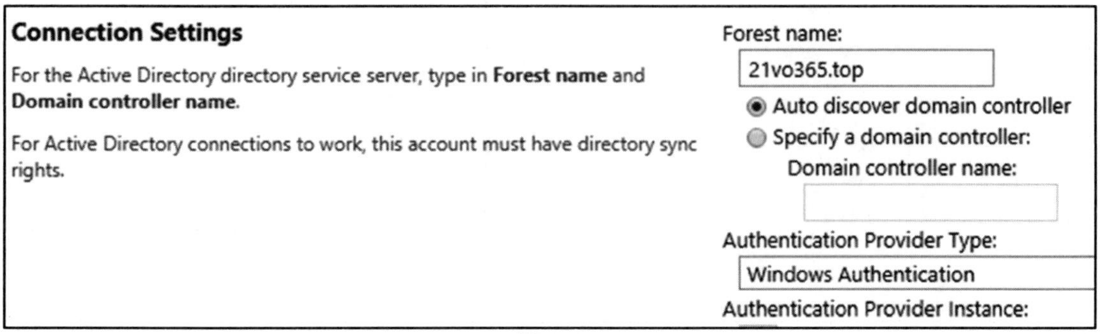

图 7-41

（7）在如下区域中输入域管理员的用户名和密码，如图7-42所示。

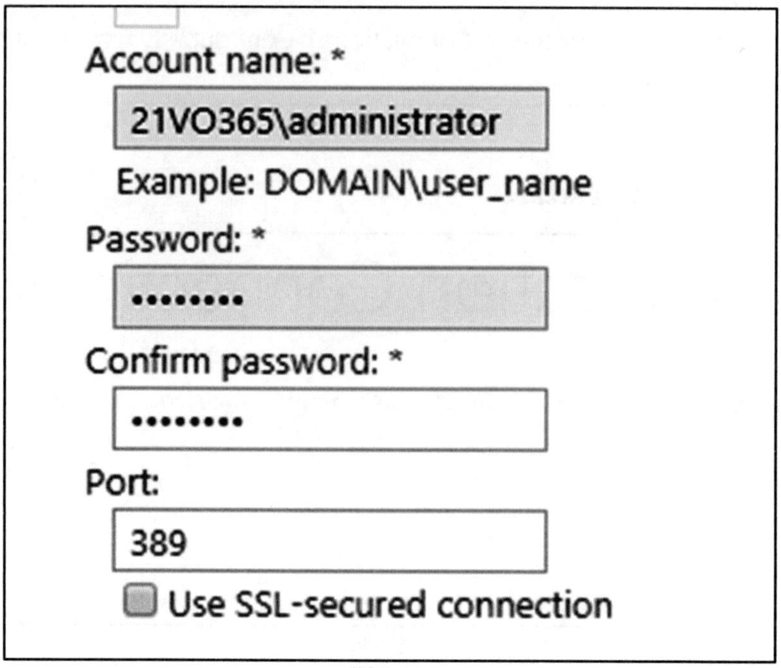

图 7-42

（8）单击"Populate Containers（填充容器）"按钮，如图7-43所示。

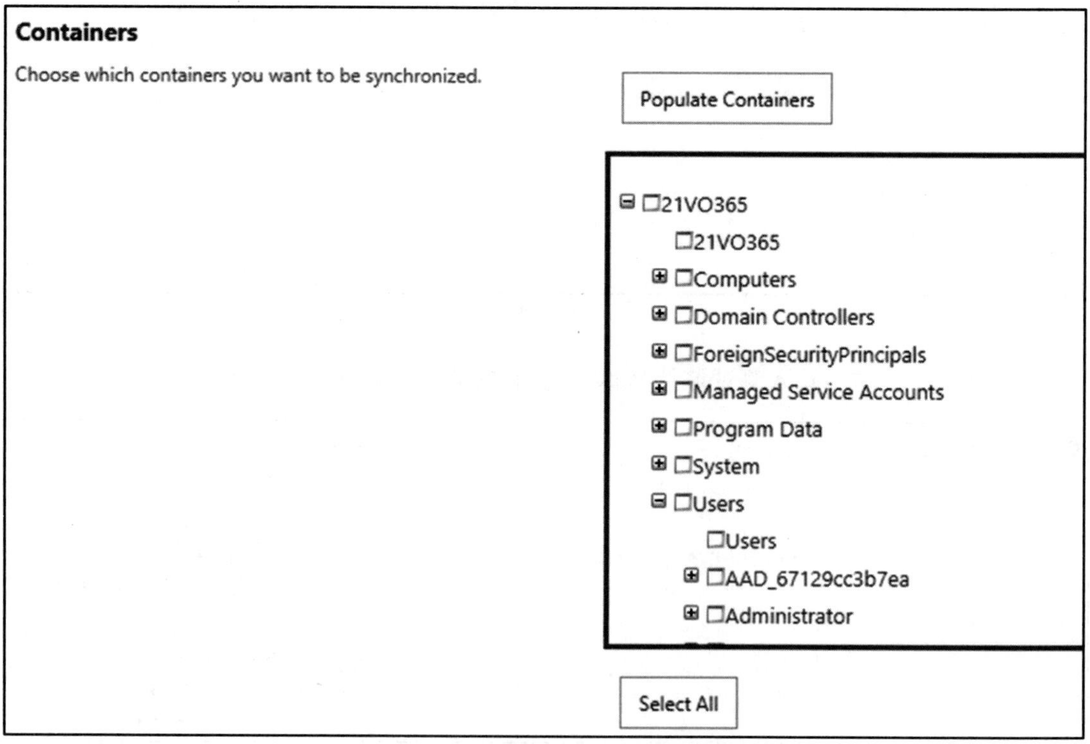

图 7-43

第 7 章 SharePoint Online 混合部署

（9）展开域节点并选中您的用户所在的对象的复选框，如图7-44所示。

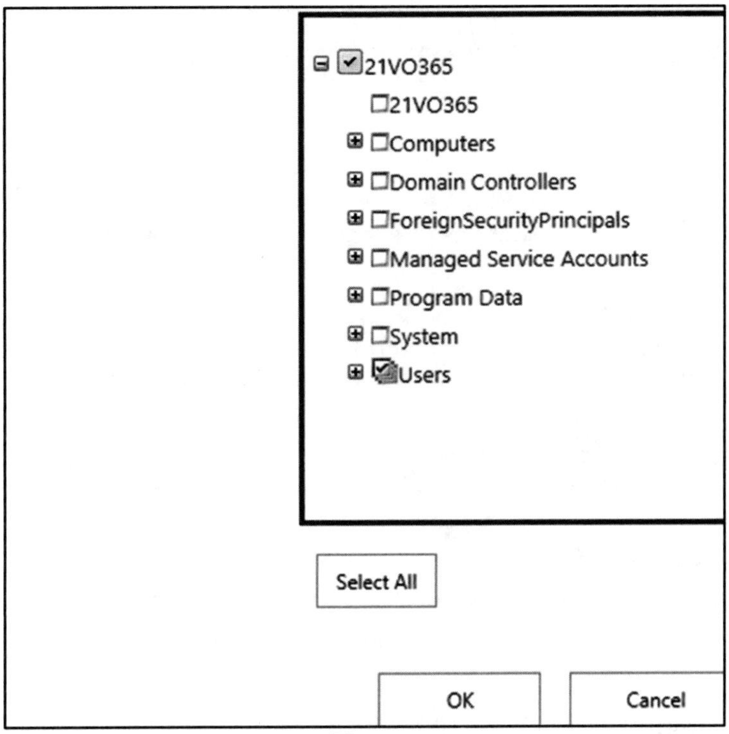

图 7-44

（10）单击"OK"按钮，结果如图7-45所示。

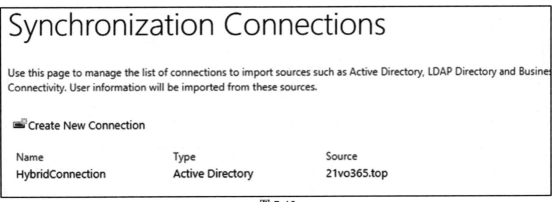

图 7-45

接下来，我们将验证User Profile Service中的某些用户属性。工作电子邮件的用户属性需包含您在Active Directory目录服务中为每个用户配置的电子邮件地址。此外，必须将用户主体名称属性映射到 userPrincipalName 属性。使用以下过程验证这两个映射。

3．验证用户配置文件属性的具体步骤

（1）在管理中心的"Application Management（应用程序管理）"区域中，选择"Manage

· 257 ·

service applications（管理服务应用程序）"，如图7-46所示。

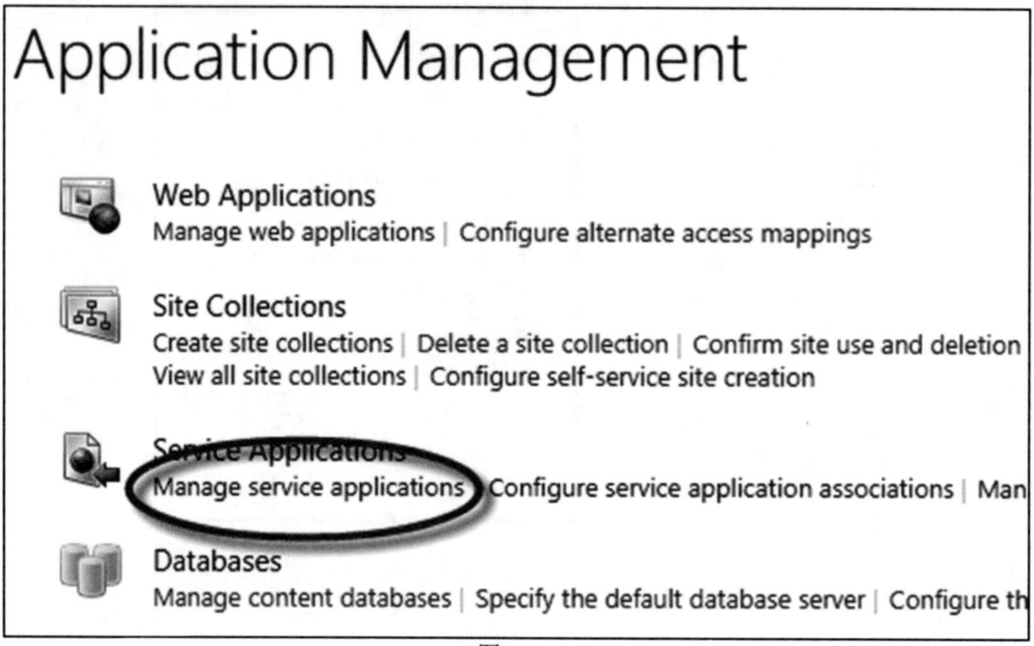

图 7-46

（2）选择"onedriveUserProfile"，如图7-47所示。

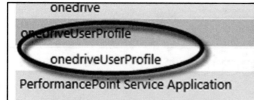

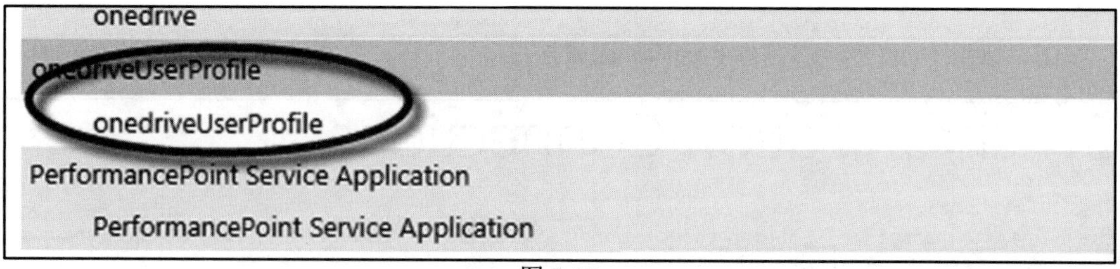

图 7-47

（3）在如下区域中选择"Manage User Properties"，如图7-48所示。

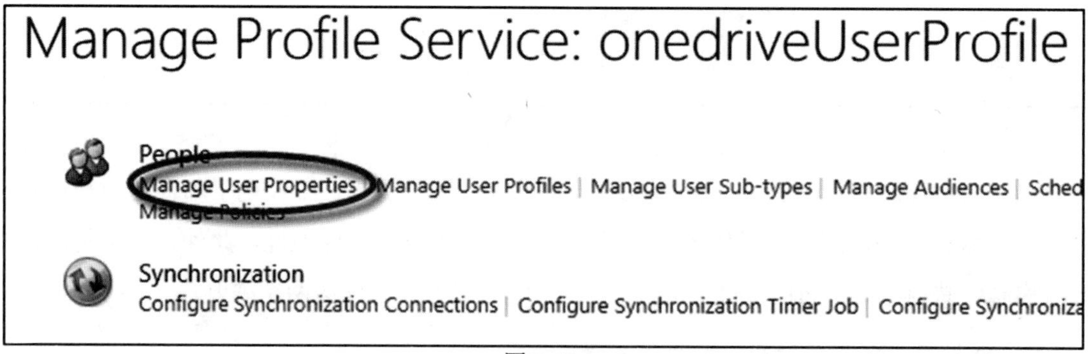

图 7-48

（4）确认用户主体名称已映射到"userPrincipalName"，如图7-49所示。

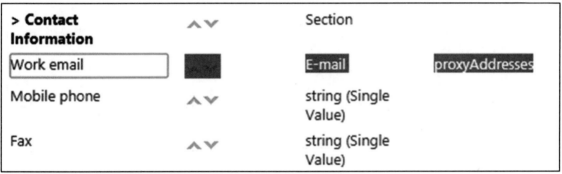

Saved Account Name	▲▼	string (Single Value)	
Saved SID	▲▼	binary	
Resource Forest SID	▲▼	binary	
Object Exists	▲▼	string (Single Value)	
User Principal Name		string (Single Value)	userPrincipalName
Personal Site Capabilities	▲▼	integer	
First Run Experience	▲▼	integer	
Personal Site Instantiation State	▲▼	integer	

图 7-49

（5）确认工作电子邮件地址已映射到"proxyAddresses"，如图7-50所示。

> Contact Information	▲▼	Section	
Work email		E-mail	proxyAddresses
Mobile phone	▲▼	string (Single Value)	
Fax	▲▼	string (Single Value)	

图 7-50

如果这两个属性均未如上所述映射，您需要更新映射。

验证用户属性映射后，我们需要同步在Active Directory域服务中配置的UPN域后缀和电子邮件地址。若要执行此操作，您必须启动配置文件同步。

手动启动配置文件同步的具体步骤

（1）在SharePoint管理中心网站上的"Application Management（应用程序管理）"区域中选择"Manage content databases（管理内容数据库）"，如图7-51所示。

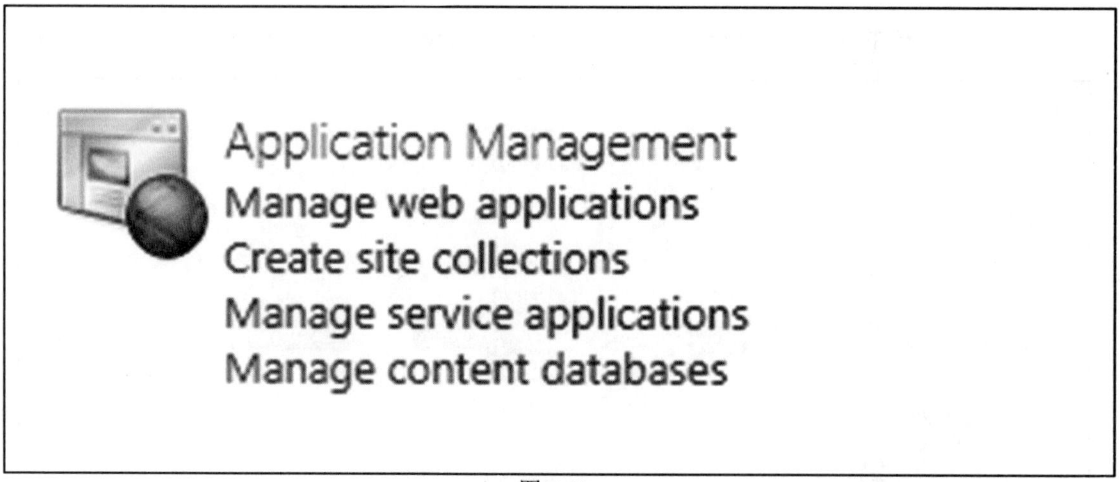

图 7-51

（2）选择如图7-52所示的选项。

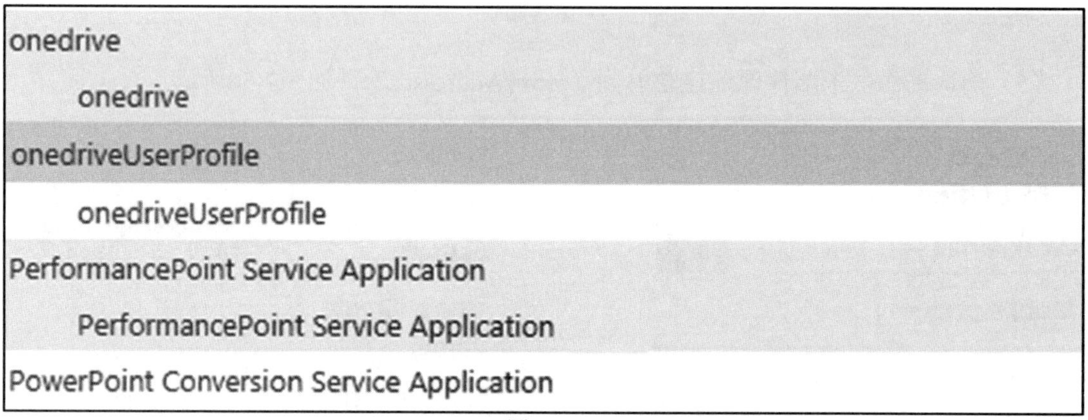

图 7-52

（3）在"Synchronization（同步）"区域中选择"Start Profile Synchronization（启动配置文件同步）"，如图7-53所示。

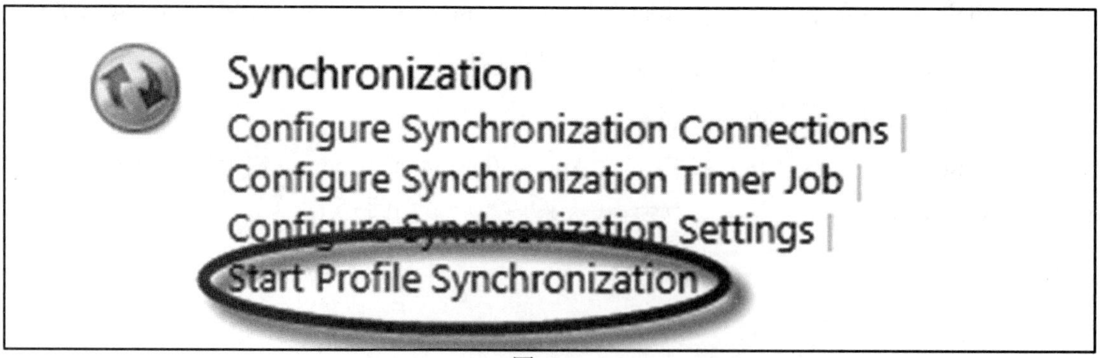

图 7-53

（4）在"Start Profile Synchronization（启动配置文件同步）"页上，选择"Start"，以同步已更新的配置文件，如图7-54。

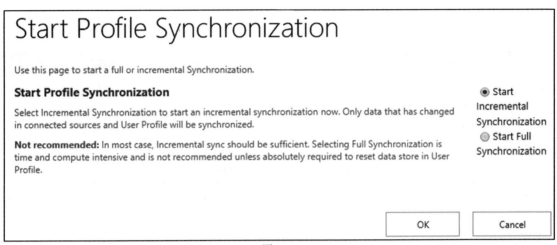

图 7-54

（5）单击"OK"按钮，完成增量同步，可以查看配置文件的同步状态，如图7-55所示。

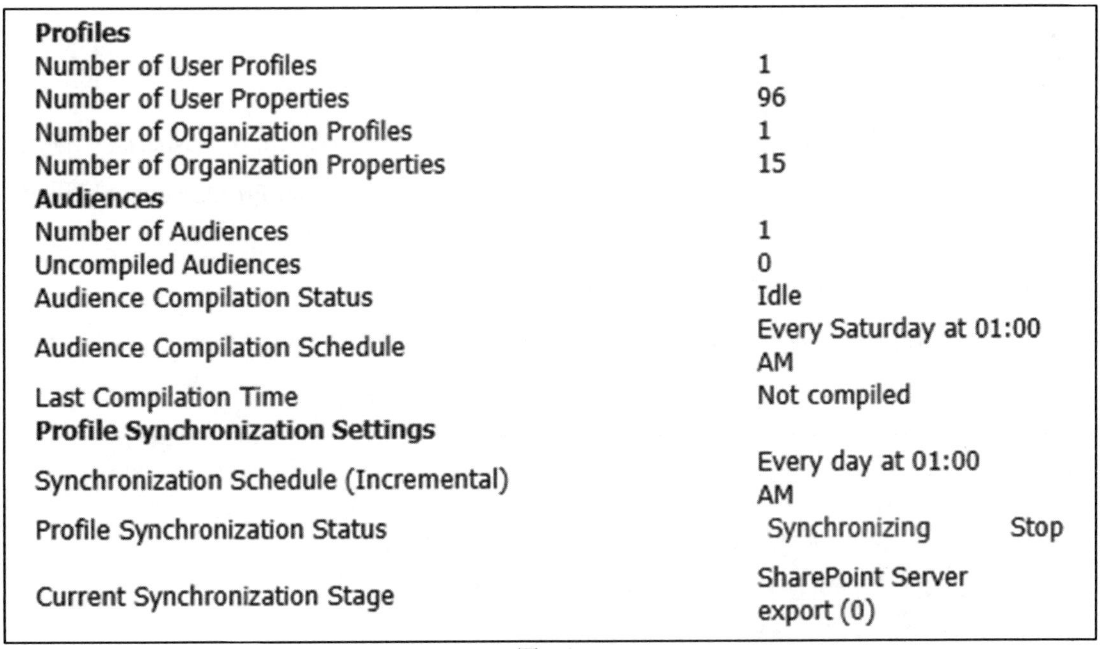

图 7-55

这是App Management Service需要执行的所有配置。

7.2.5 更新 SharePoint Server 2013 Service Pack 1

请参考9.1.2节进行SharePoint 2013的更新。

从微软的官方网站下载更新文件（仅限SharePoint Server 2013），如图7-56所示。

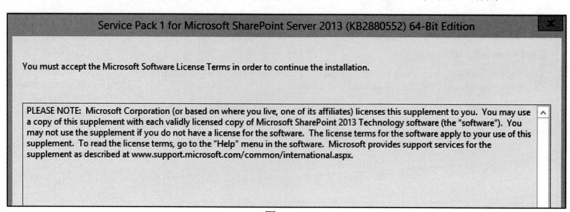

图 7-56

7.2.6 配置 OneDrive for Business 混合部署

1．配置用户权限

您的用户必须具有以下权限才能使用Microsoft 365 中的OneDrive for Business："创建个人网站"权限和"关注人员和编辑配置文件"权限。这些权限在User Profile Service应用程序中通过用户权限控制。

（1）确认执行此过程的用户账户是服务器场管理员组的成员。

（2）在SharePoint管理中心的"Application Management（应用程序管理）"区域中选择"Manage content databases（管理内容数据库）"，如图7-57所示。

图 7-57

第 7 章　SharePoint Online 混合部署

（3）选择如图7-58所示的选项。

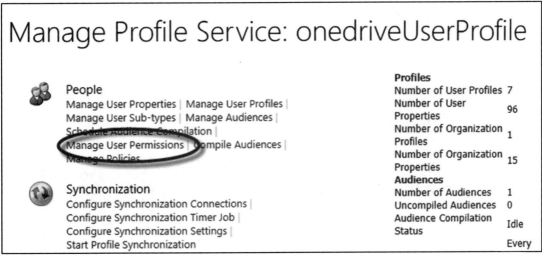

图 7-58

（4）确认勾选如图7-59所示的三个复选框。

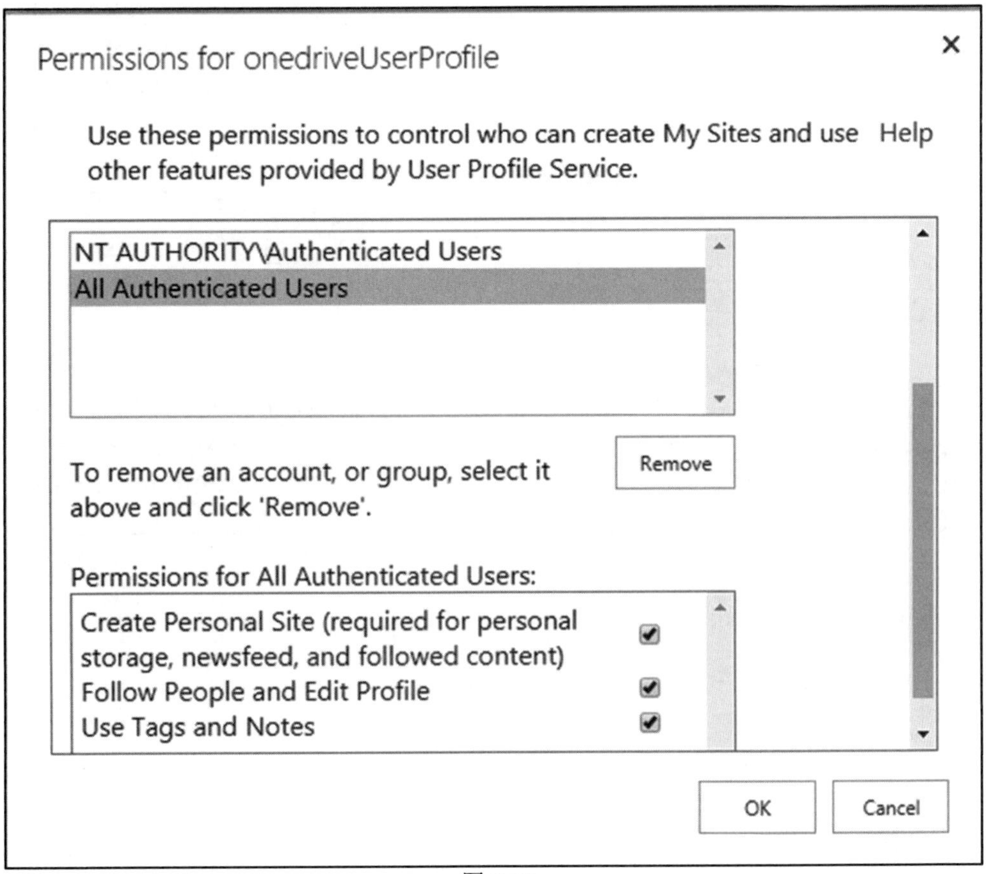

图 7-59

（5）确认并完成配置。

2. 配置混合 OneDrive for Business

若要配置混合OneDrive for Business，您必须是SharePoint服务器场管理员和Microsoft 365全局管理员。在SharePoint Server场的服务器上执行这些步骤。

3. 配置混合 OneDrive for Business 步骤

（1）在SharePoint Server 2013管理中心，单击左侧导航栏中的"Office 365"，如图7-60所示。

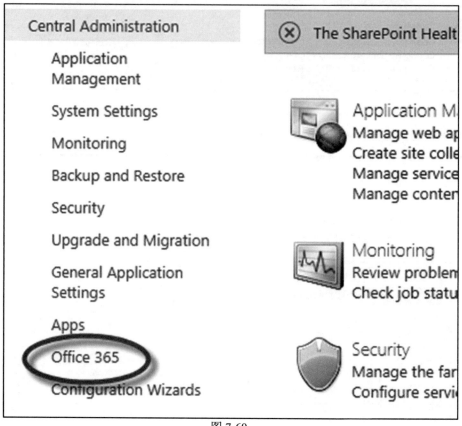

图 7-60

（2）配置站点链接，如图7-61所示。

图 7-61

（3）在配置OneDrive和站点链接处，设置我的站点重定向链接，如图7-62所示。

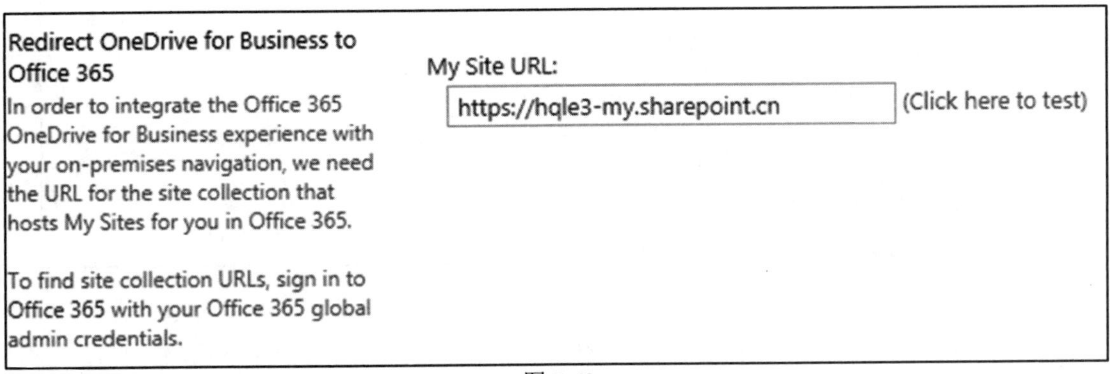

图 7-62

（4）站点的 URL 可以通过访问 SharePoint Online 管理中心，在网站集里找到，如图 7-63 所示。

图 7-63

（5）如果需要将您的站点也重定向到Microsoft 365的话，请选择如下选项，如图7-64所示。

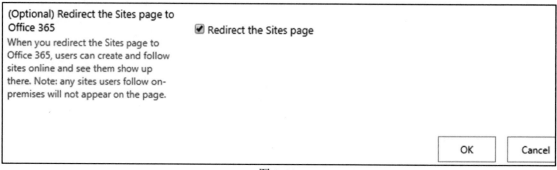

图 7-64

（6）确认后完成配置。

确认OneDrive for Business链接按预期运行。

将更改更新到本地服务器场中的User Profile Service应用程序需要一分钟时间。这是因为链接存储在用户的浏览器缓存中，我们建议您等待 24 小时，然后确认链接正常运行。

要检查链接是否按预期跳转，请让访问群体中使用OneDrive for Business的Microsoft 365选项的用户登录本地环境。从用户的个人网站中，让用户在导航栏或应用启动器中选择"OneDrive"，如图7-65所示。

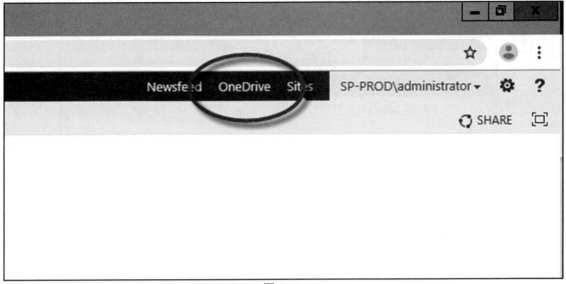

图 7-65

如果用户重定向到OneDrive for Business的Microsoft 365，说明一切按预期工作，如图7-66所示。

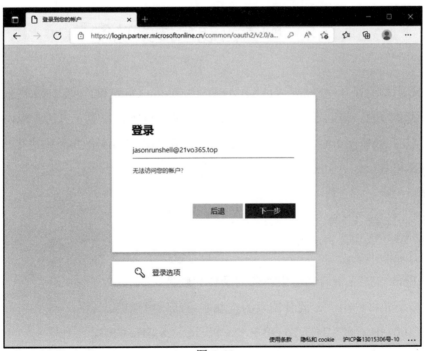

图 7-66

如果用户想直接浏览到OneDrive for Business目录，可以在浏览器中转到https://<您的租户名称>-my.SharePoint.cn。例如，输入https://hqle3-my.SharePoint.cn，则租户hqle3的用户将转到OneDrive for Business文档库。这是OneDrive for Business用户为链接添加标签的简单方式，如图7-67所示。

图 7-67

7.3　配置云混合搜索功能

本节介绍了如何在具有SharePoint Server和SharePoint Online的环境中为Microsoft 365 企业版设置云混合搜索。借助云混合搜索解决方案，可以将所有内容（包括本地内容）中的已爬网元数据添加到Microsoft 365 中的搜索索引。当用户在Microsoft 365 中进行搜索时，就可以从本地内容和Microsoft 365 内容中获取搜索结果。

7.3.1　准备工作

完成配置前的准备：

- SharePoint Server 混合环境中所需的硬件和软件。
- 符合以下条件的用于云混合搜索的本地服务器或虚拟机。
- 最小 100 GB 存储空间、16 GB RAM 和四个 1.8 GHz CPU。

- SharePoint Server 已安装。
- 是 Windows Server Active Directory 域的成员。
- （仅适用于 SharePoint Server 2013）必须至少安装 Service Pack 1 和 2016 年 1 月公开更新。
- SharePoint Server 混合环境中所需的账户、SharePoint Server 中用于云混合搜索的搜索账户，以及 SharePoint Server 中用于默认内容访问的托管账户。请确保默认内容访问账户至少拥有对要爬网内容的读取访问权限。
- 贵公司或组织的 SharePoint Online 门户 URL，如 https://<yourtenantname>.SharePoint.cn。
- 为云混合搜索制定的搜索体系结构计划。
- 如果使用在 SharePoint Online 管理中心的混合选择器向导来帮助配置，请确保托管 SharePoint Server 管理中心网站的应用场安装有.NET 4.6.3。
- 若要使用 CreateCloudSSA.ps1 和 Onboard-CloudHybridSearch.ps1 Microsoft PowerShell 命令来帮助您配置，请从 Microsoft 下载中心下载。此外，还需要安装适用于 IT 专业人员的 Microsoft Online Services 登录助手 RTW 和适用于 Windows PowerShell 的 Azure Active Directory 模块。

7.3.2　创建云搜索服务应用程序（SSA）

通过云SSA（SharePoint Search Application），可以对元数据爬网，并将已爬网元数据从本地内容添加到Microsoft 365 中的搜索索引。每个搜索服务器场只能有一个云SSA，但可以拥有与云SSA结合的多个SSA。不能将现有的SSA转换为云SSA。

我们可以按照下列步骤操作来创建云SSA。

- 可以从 Microsoft 下载中心下载并运行 CreateCloudSSA.ps1 PowerShell 命令。使用此脚本，可以选择在托管 SharePoint Server 管理中心网站的应用程序服务器上安装采用默认搜索体系结构的云 SSA，也可以选择在两个应用程序服务器上安装采用搜索体系结构的云 SSA。
- 可以使用 SharePoint 管理中心网站，就像使用 SSA 一样。借助此方法，可以在托管 SharePoint Server 管理中心网站的应用服务器上安装云 SSA 和默认搜索体系结构。
- 在运行创建脚本之前，我们需要安装 SharePoint Enterprise Server 2013 的补丁，KB2986213，这个补丁包含了我们创建云端 SSA 所需要的功能。从微软的官方网站可以进行补丁的下载和更新。

在托管SharePoint Server管理中心网站的应用程序服务器上，请按照以下步骤操作。

(1)务必使用安装SharePoint Server时所用的用户账户。此账户已获得相应授权,可以运行Window PowerShell cmdlet。

(2)使用管理员特权,启动Windows PowerShell控制台:在开始菜单中搜索 PowerShell,再用鼠标右键单击"Windows PowerShell",在打开的快捷菜单中选择"Run as administrator(以管理员身份运行)",如图7-68所示。

图 7-68

(3)运行 CreateCloudSSA.ps1 PowerShell命令,如图7-69所示。

```
PS C:\Users\administrator.21VO365\Desktop\Cloud_Hybrid_Search_Scripts_Jun2018\Cloud_Hybrid_Search_Scripts> .\CreateCloudSSA.ps1
cmdlet CreateCloudSSA.ps1 at command pipeline position 1
Supply values for the following parameters:
SearchServerName: SP-PROD
SearchServiceAccount: 21vo365\administrator
SearchServiceAppName: Cloudssa0365
DatabaseServerName: SP-PROD
Active Directory account administrator exists. Proceeding with configuration.
Managed account 21vo365\administrator already exists!
Creating Application Pool.
Starting Search Service Instance One.
Creating cloud Search service application.
```

图 7-69

(4)出现提示时,请依次输入如下4个参数,如图7-70所示。

- SharePoint Server 中的搜索服务器的主机名。
- 使用以下格式的搜索服务账户:域\用户名。
- 您创建的云搜索应用的名称。
- SharePoint Server 中的数据库服务器的名称。

```
Supply values for the following parameters:
SearchServerName: SP-PROD
SearchServiceAccount: 21vo365\administrator
SearchServiceAppName: CloudssaO365
DatabaseServerName: SP-PROD
Active Directory account administrator exists. Proceeding with configuration.
Managed account 21vo365\administrator already exists!
Creating Application Pool.
Starting Search Service Instance One.
Creating cloud Search service application.
```

图 7-70

（5）确保您看到云SSA已成功创建的消息，如图7-71所示。

```
Inspecting cloud Search service application.
Search Service Properties
 Cloud SSA Name      : CloudssaO365
 Cloud SSA Status    : Online
Cloud Index Enabled           : True
Configuring search topology.
Activating topology.
.
Creating proxy.
Cloud search service application provisioning completed successfully.
```

图 7-71

（6）此时访问搜索管理中心，可以看到两个搜索应用。一个是本地的Search Service Application，还有一个是我们刚刚创建的云端搜索应用CloudssaO365，如图7-72所示。

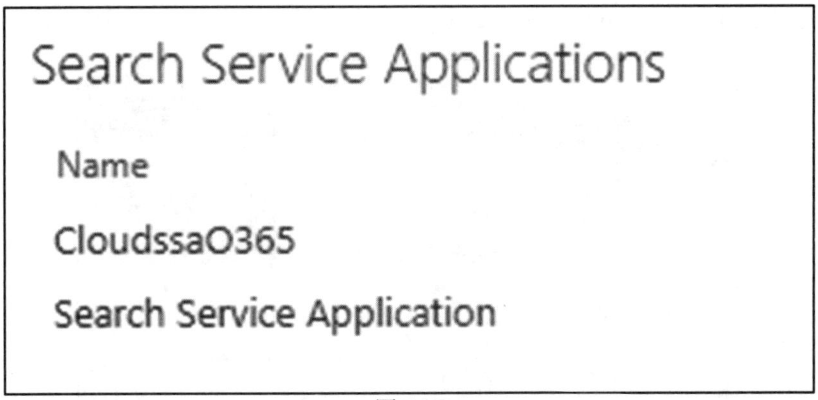

图 7-72

7.3.3 将 SSA 连接到 Microsoft 365 租户

本部分指导您如何将云SSA和Microsoft 365租户加载到云混合搜索。

1. 连接您的云 SSA 和 Microsoft 365 租户

在正确连接您的云SSA和Microsoft 365 租户时，云混合搜索解决方案就可以将已爬网元数据从本地内容添加到Microsoft 365中的搜索索引。在加载云SSA后，请检查云SSA的属性 IsHybrid 值是否为 1。可以通过运行 PowerShell 命令进行检查：$ssa.GetProperty("CloudIndex")。

2. 配置服务器到服务器身份验证

服务器到服务器身份验证允许服务器从代表用户的另一台服务器访问和请求资源。

在托管 SharePoint Server 管理中心网站的应用程序服务器上，请按照以下步骤操作。

（1）确保服务器的日期和时间与 SharePoint Server 场中的其他服务器同步。

（2）从 Microsoft 下载中心下载并安装适用于 IT 专业人员的 Microsoft Online Services 登录助手 RTW。

（3）从 PowerShell 库下载并安装最新版适用于 Windows PowerShell 的 Azure Active Directory 模块。

（4）从 Microsoft 下载中心下载 OnBoard-CloudHybridSearch.ps1 PowerShell 命令。

（5）打开 PowerShell 提示符，并运行 OnBoard-CloudHybridSearch.ps1 PowerShell 命令，如图 7-73 所示。

```
p\Cloud_Hybrid_Search_Scripts_Jun2018\Cloud_Hybrid_Search_Scripts
18\Cloud_Hybrid_Search_Scripts> Import-Module msonline
18\Cloud_Hybrid_Search_Scripts> .\Onboard-CloudHybridSearch.ps1 -PortalUrl https://hqle3-admin.sharepoint.cn -CloudSsaId Cloudssa0365
```

图 7-73

（6）出现提示时，输入 Microsoft 365 租户的全局管理员凭据，如图 7-74 所示。

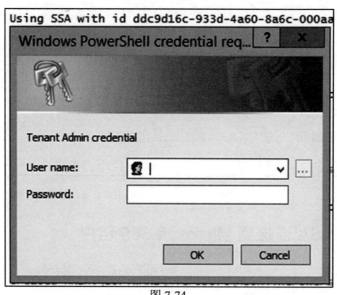

图 7-74

（7）输入凭据之后，脚本会自动配置云端混合搜索，等配置完成之后，我们可以看到如下命令，如图7-75所示。

```
PreparePushTenant was successfully invoked!
Getting service info...
Registered cloud hybrid search configuration:


TenantId              : 6587a176-1a25-4351-9afe-bfe3836797bf
AuthenticationRealm   : 6587a176-1a25-4351-9afe-bfe3836797bf
EndpointAddress       : https://gallatinfrontendexternal.search.production.chn.trafficmanager.cn:443/


Configuring Cloud SSA...
Restarting SharePoint Timer Service...
Restarting SharePoint Server Search...
All done!
```

图 7-75

7.3.4　创建要爬网的 SSA 内容源

我们建议您从一小部分的本地内容源（例如一个小文件共享）开始进行测试。稍后，可以添加更多的本地内容源。

（1）确认执行此过程的用户账户是云SSA的管理员。

（2）在管理中心的"Application Management（应用程序管理）"区域中选择"Manage content databases（管理内容数据库）"，如图7-76所示。

图 7-76

（3）弹出如图7-77所示的页面。

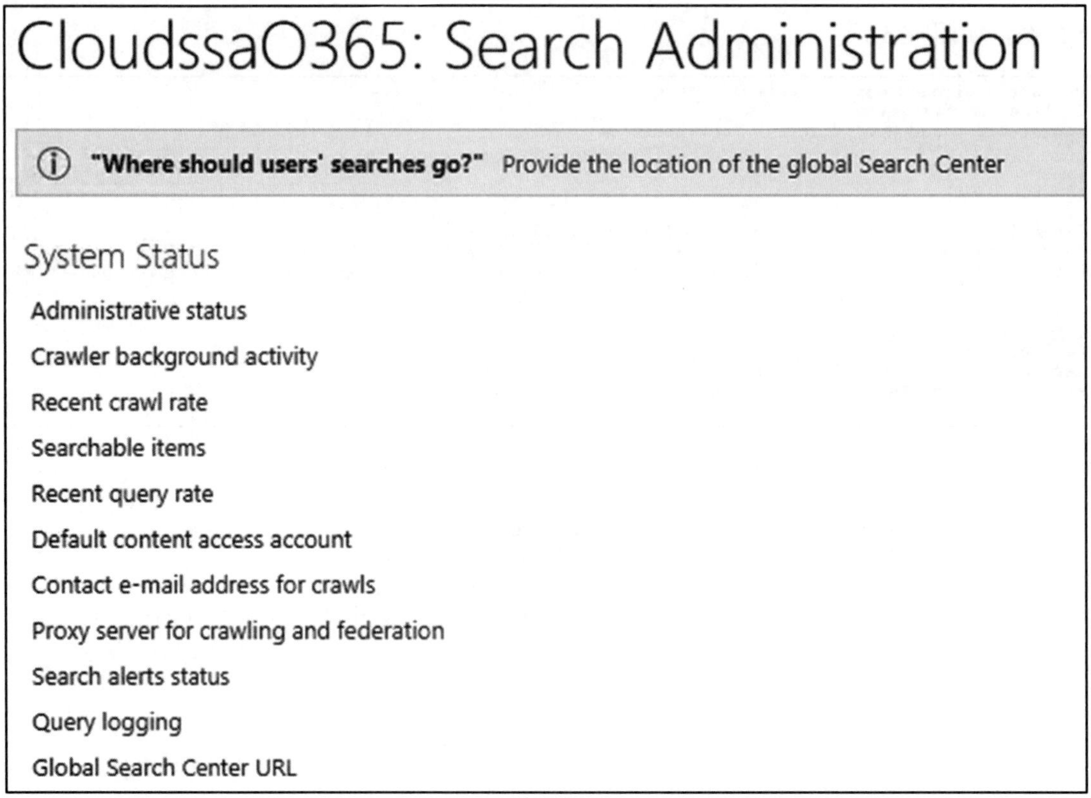

```
CloudssaO365: Search Administration

ⓘ "Where should users' searches go?"  Provide the location of the global Search Center

System Status
Administrative status
Crawler background activity
Recent crawl rate
Searchable items
Recent query rate
Default content access account
Contact e-mail address for crawls
Proxy server for crawling and federation
Search alerts status
Query logging
Global Search Center URL
```

图 7-77

（4）在如下区域中选择"Content Sources（内容源）"，如图7-78所示。

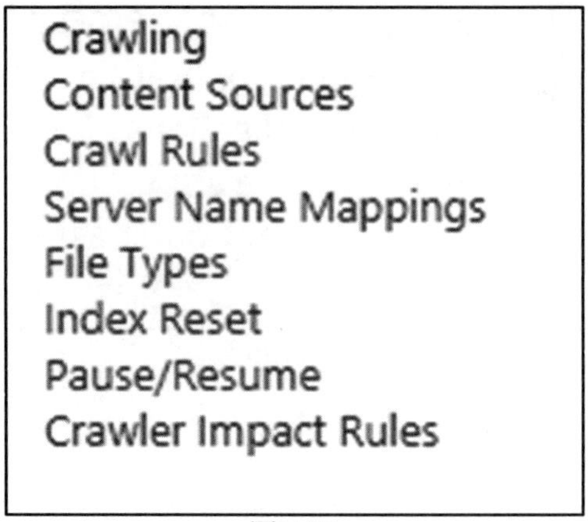

```
Crawling
Content Sources
Crawl Rules
Server Name Mappings
File Types
Index Reset
Pause/Resume
Crawler Impact Rules
```

图 7-78

（5）在如下区域单击"New Content Source（新建内容源）"按钮，如图7-79所示。

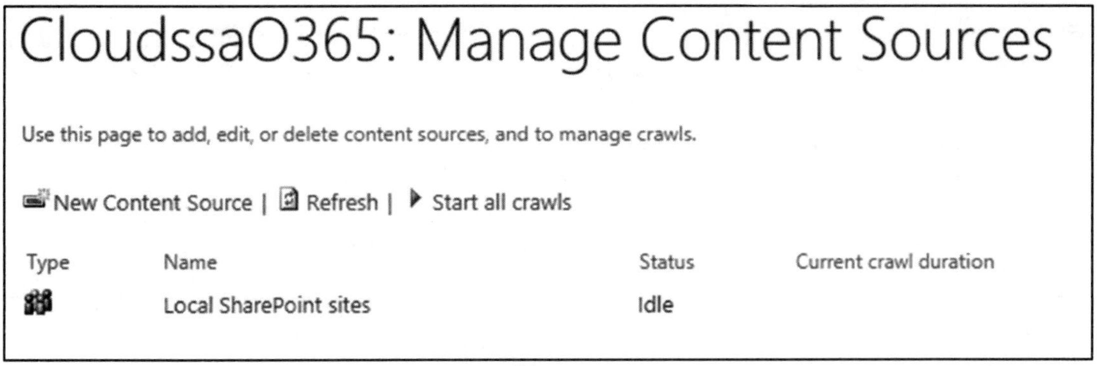

CloudssaO365: Manage Content Sources

Use this page to add, edit, or delete content sources, and to manage crawls.

New Content Source | Refresh | Start all crawls

Type	Name	Status	Current crawl duration
	Local SharePoint sites	Idle	

图 7-79

（6）在如下区域输入新内容源的名称，如图7-80所示。

CloudssaO365: Add Content Source

Use this page to add a content source.

* Indicates a required field

Name
Type a name to describe this content source.

Name: *
cloudContentSource

图 7-80

（7）在如下区域中选择要爬网的内容的类型，如图7-81所示。

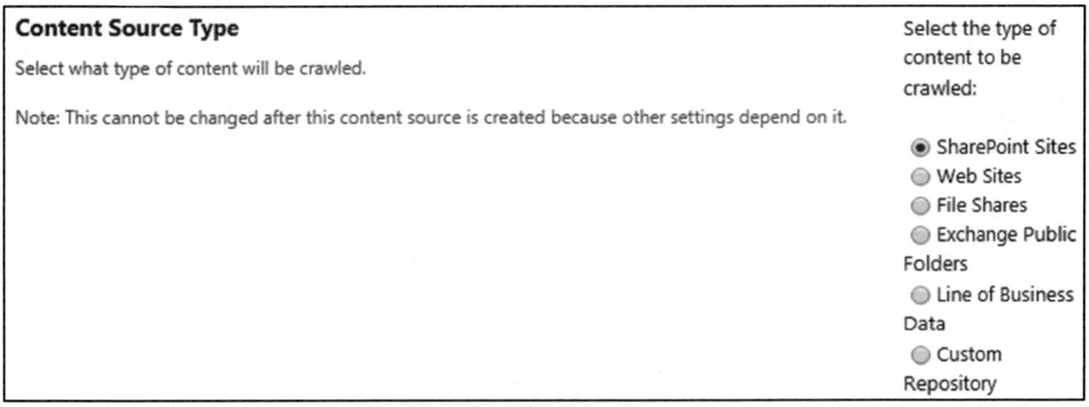

Content Source Type
Select what type of content will be crawled.
Note: This cannot be changed after this content source is created because other settings depend on it.

Select the type of content to be crawled:
- ● SharePoint Sites
- ○ Web Sites
- ○ File Shares
- ○ Exchange Public Folders
- ○ Line of Business Data
- ○ Custom Repository

图 7-81

（8）在如下区域中输入爬网程序开始的地址（一行一个地址），输入此时输入我们需要测试的网站集，如图7-82所示。

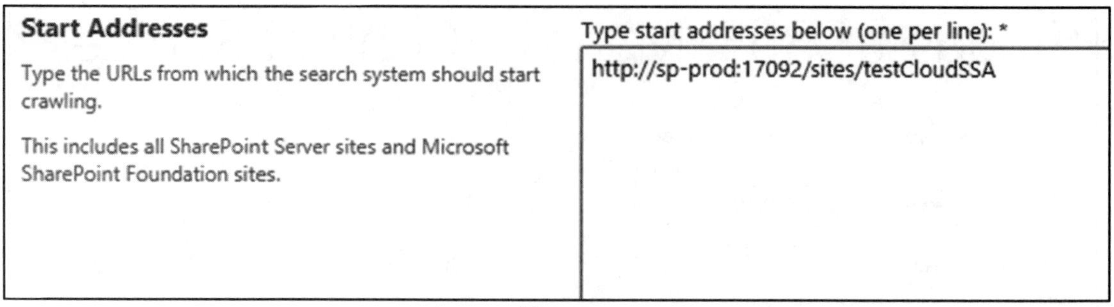

图 7-82

（9）在如下区域中选择需要的爬网行为，如图7-83所示。

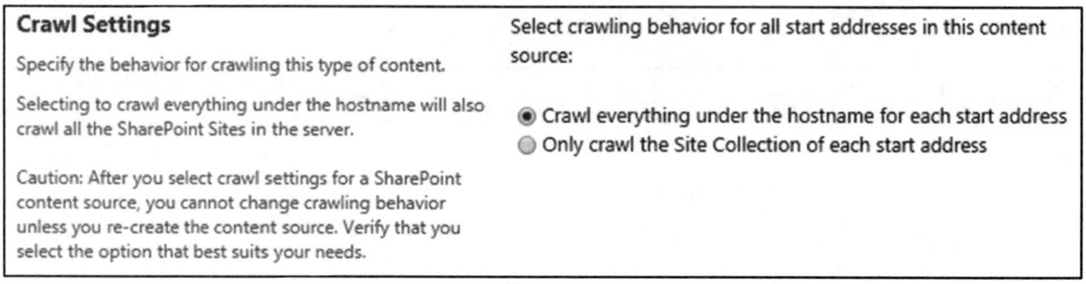

图 7-83

（10a）创建完全爬网计划。请从"Full Crawl（完全爬网）"列表中选择定义的计划。完全爬网对内容源指定的所有内容进行爬网，而无论内容是否更改。若要定义完全爬网计划，单击"Create schedule（创建计划）"，如图7-84所示。

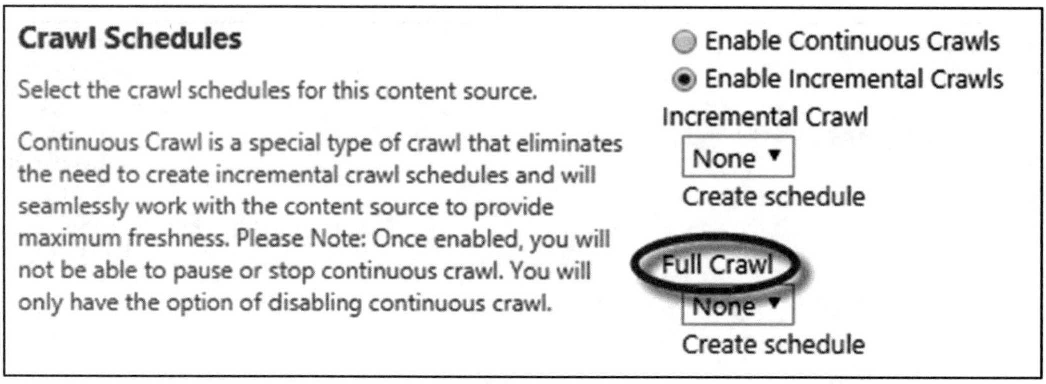

图 7-84

（10b）创建增量爬网计划。请从"Incremental Crawl（增量爬网）"列表中选择定义的计划。增量爬网对由内容源指定且自上次爬网后发生了更改的内容进行爬网。若要定义计划，单击"Create schedule（创建计划）"，如图7-85所示。

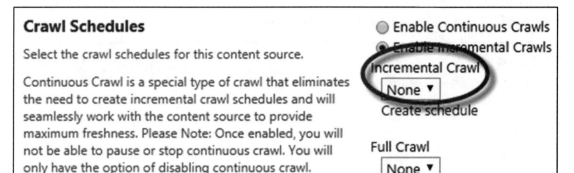

图 7-85

（11）若要设置此内容源的优先级，请在如下区域中选择优先级，如图7-86所示。

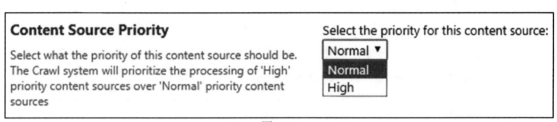

图 7-86

（12）确认设置后，我们可以看到刚刚创建的内容源，如图7-87所示。

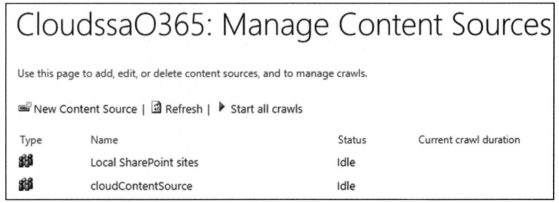

图 7-87

7.3.5 单独设置搜索中心，验证搜索结果

请按照以下步骤操作，在Microsoft 365 中单独设置搜索中心。

（1）创建结果来源，从此租户的搜索索引中检索搜索结果，但搜索结果只能为Microsoft 365内容，方法是使用查询转换。将默认查询转换更改为"{?{searchTerms} NOT IsExternalContent:true}"，如图7-88所示。此方法之所以可行，是因为在SharePoint Online搜索架构中将托管属性 IsExternalContent 设置为"true（真）"。

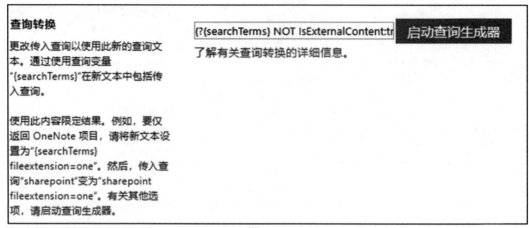

图 7-88

（2）修改Microsoft 365搜索中心中的搜索结果Web部件以使用刚刚创建的结果源。用户将在此搜索中心中获得原始搜索体验，如图7-89所示。

图 7-89

（3）创建第二个使用默认结果源的Microsoft 365 搜索中心。在运行完全爬网时，此搜索中心具有混合搜索结果。验证并调整此搜索中心的新搜索体验，如图7-90所示。

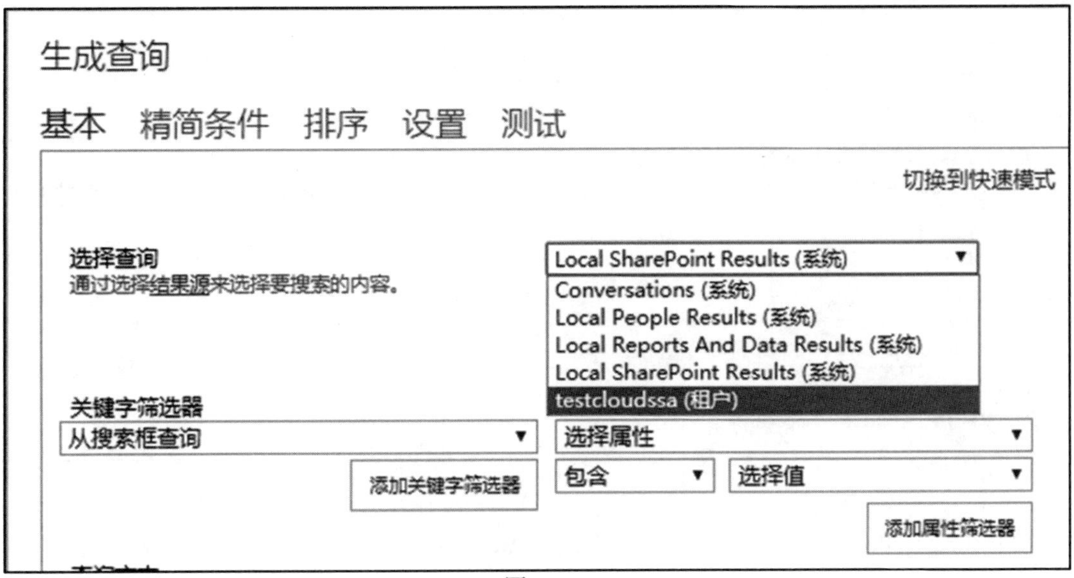

图 7-90

（4）设置访问权限，以便只有测试人员和管理员有权访问第二个Microsoft 365搜索中心，如图7-91所示。

图 7-91

7.3.6 启用云混合搜索

启动内容源的完全爬网。可按以下步骤操作。

（1）确认执行此过程的用户账户是云搜索服务应用程序的管理员，如图7-92所示。

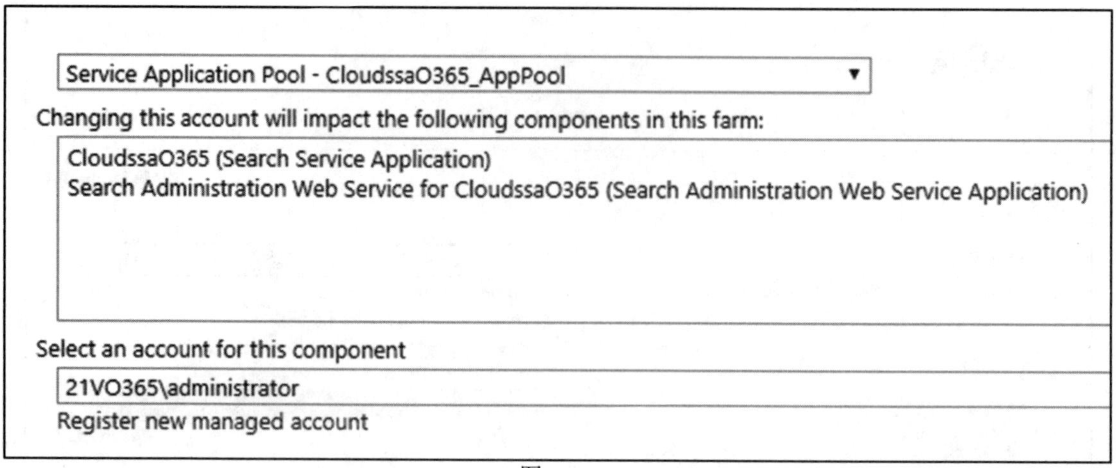

Service Application Pool - CloudssaO365_AppPool
Changing this account will impact the following components in this farm:
CloudssaO365 (Search Service Application)
Search Administration Web Service for CloudssaO365 (Search Administration Web Service Application)
Select an account for this component
21VO365\administrator
Register new managed account

图 7-92

（2）在SharePoint管理中心网站主页上的“Application Management（应用程序管理）”区域中，选择“Manage content databases（管理内容数据库）”，如图7-93所示。

Application Management
Manage web applications
Create site collections
Manage service applications
Manage content databases

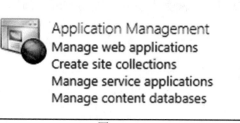

图 7-93

（3）在“管理服务应用程序”页上，找到云搜索应用程序“CloudssaO365”，如图7-94所示。

CloudssaO365
CloudssaO365_proxy
Excel Services Application
Excel Services Application

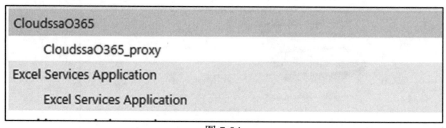

图 7-94

（4）在“搜索管理”页上的“爬网”区域中选择“Content Sources（内容源）”，如图7-95所示。

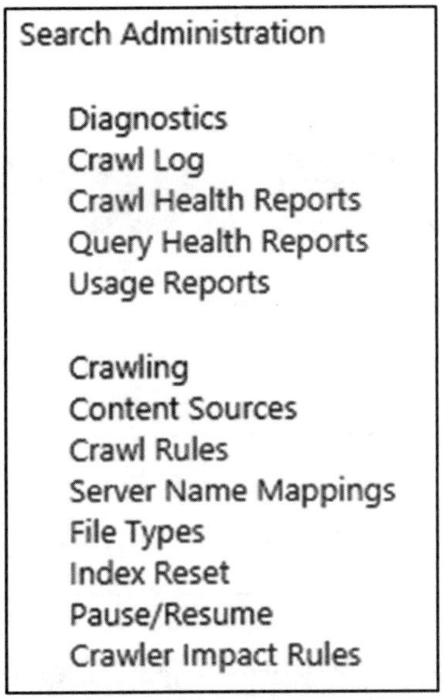

```
Search Administration

Diagnostics
Crawl Log
Crawl Health Reports
Query Health Reports
Usage Reports

Crawling
Content Sources
Crawl Rules
Server Name Mappings
File Types
Index Reset
Pause/Resume
Crawler Impact Rules
```

图 7-95

（5）在如下所示的管理内容源的页面上，指向要爬网的内容源的名称，启动完全爬网，如图7-96所示。

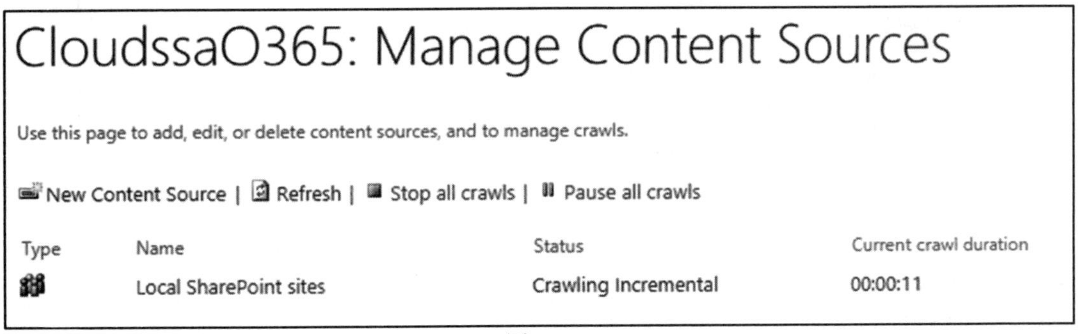

```
CloudssaO365: Manage Content Sources

Use this page to add, edit, or delete content sources, and to manage crawls.

New Content Source  |  Refresh  |  Stop all crawls  |  Pause all crawls

Type    Name                        Status                  Current crawl duration
        Local SharePoint sites      Crawling Incremental    00:00:11
```

图 7-96

7.3.7　确认云混合搜索正常工作

在完成完全爬网后，确认本地内容显示在Microsoft 365 验证搜索中心的搜索结果中。

（1）使用您的工作或学校账户登录Microsoft 365。请确保：

- 您有权访问验证搜索中心。
- 您有权访问已爬网的内容源中的内容。如果您已执行此路线图的步骤 1，则应该可以进行访问。
- 您的组织未通过使用 Windows Server Active Directory（AD）中的一个默认安全组（例如域用户安全组）向本地内容分配用户访问权限。

（2）在验证搜索中心内搜索 IsExternalContent:1 。结果应显示已经过爬网的本地内容源中的内容，如图7-97所示。

图 7-97

（3）确认您的本地内容显示在搜索结果中，如图7-98所示。

图 7-98

7.3.8 调整云混合搜索

在设置了云混合搜索并验证在Microsoft 365 的验证搜索中心中获取了本地内容的搜索结果后，设置您计划的搜索体验。

- 借助云混合搜索，可以管理 Microsoft 365 的 SharePoint Online 中的搜索架构，就像在 Microsoft 365 环境中一样。
- 要管理搜索结果在 SharePoint Online 的搜索架构中的显示方式，请参阅在 SharePoint Online 中的管理搜索中心。如果您已经在 SharePoint Server 中设置了网站搜索以获取 Microsoft 365 搜索结果，那么还可以管理这些结果在 SharePoint Online 的搜索架构中的显示方式。
- 启用云混合搜索中的本地搜索结果预览。
- 在具有云混合搜索功能的本地 SharePoint 中显示 Microsoft 365 的结果。
- 若要发布您的 SharePoint Server 网站，并使其可供您的用户进行访问，请按照 SharePoint Server 中的"规划 Internet、Intranet 和 Extranet 发布网站"的最佳实践进行操作。
- 若要打开本地内容的搜索结果链接，用户必须通过虚拟专用网（VPN）连接到本地 Intranet，或登录存储内容的位置。通过为 SharePoint Server 安装反向代理设备也可以打开此类链接。

在设置和验证计划的搜索体验后，您可能想要为此操作中使用的本地内容的元数据清除 Microsoft 365 中的搜索索引。这种工作方式不同于从 SharePoint Server 进行此操作的方式。

在 SharePoint 管理中心网站中，您可以使用选项"索引重置"以便 SSA 删除搜索索引的所有内容。此选项不适用于云混合搜索，因为 SharePoint Server 中的云 SSA 和 Microsoft 365 的搜索索引之间没有直接通信。如果您只想删除一些本地元数据，请删除该本地内容源，或创建文件 URL 的爬网规则。如果您需要删除 Microsoft 365 中搜索索引的本地内容的所有元数据，请向 Microsoft 支持提交一个票证。

第 8 章　经典案例集锦

本章收录了世纪互联蓝云Microsoft 365技术支持团队处理大量工单之后总结的经典案例。涵盖了客户在使用SharePoint Online及相关产品时遇到的常见问题及解决方案。

8.1　OneDrive 同步图标不显示

现象：OneDrive的同步图标无法显示，如图8-1所示。

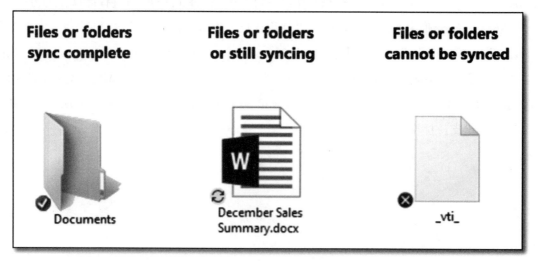

图 8-1

排错步骤/解决方法

（1）自动修复。

通过从微软的官方网站下载修复向导，并运行向导直至完成修复。如图8-2所示。

修复 OneDrive 同步问题

OneDrive for Business, SharePoint Server 订阅版, SharePoint Server 2019, 其他..

重要：
对具有 SharePoint Online 的旧 OneDrive for Business 同步应用的支持已结束。如果在任务栏中☁"此"图标，阅读本文了解有关详细信息。

非常抱歉，同步 OneDrive 时遇到问题。要获取入门帮助，请选择下面列表中所示的图标。

如果看到错误代码，请阅读 OneDrive 错误代码的含义是什么？

如果此处未列出你正在寻找的 OneDrive 图标，请阅读 OneDrive 错误代码的含义是什么？

我们的引导式支持疑难解答工具可帮助解决有关 OneDrive 的问题。

(开始)

图 8-2

（2）手动修复。

重要提示：请仔细按照本部分中的步骤操作。如果您错误地修改了注册表，可能会出现严重问题。修改之前，请备份注册表以进行还原，以防出现问题。

警告：如果您使用注册表编辑器或其他方法错误地修改注册表，可能会出现严重问题。这些问题可能需要您重新安装操作系统。

如果您希望OneDrive图标覆盖优先于其他应用程序，请考虑以下解决方法：更新注册表以授予OneDrive或OneDrive for Business的优先级，优先级基于项目的字母顺序。若要更新注册表，请按照下列步骤操作。

（1）打开注册表编辑器。

Windows 10：在任务栏上的"搜索"框中，输入regedit，然后按Enter键。如果系统提示您输入管理员密码或进行确认，请输入密码或提供确认。

Windows 8/8.1：从屏幕右侧向内轻扫，然后单击"搜索"。或者指向屏幕的右上角，然后单击"搜索"。在"搜索"框中，输入regedit，然后按Enter键。如果系统提示您输入管理员密码或进行确认，请输入密码或提供确认。

Windows 7：单击"开始"按钮，在搜索框中输入regedit.exe，然后按Enter键。如果系统提示您输入管理员密码或进行确认，请输入密码或提供确认。

（2）移到下面的文件夹，然后展开。

HKEY_LOCAL_MACHINE\SOFTWARE\Microsoft\Windows\CurrentVersion\Explorer\ShellIconOverlayIdentifiers

（3）重命名以下注册表项。

若要执行此操作，请右键单击文件夹，选择"重命名"，然后重命名文件夹。重命名文件夹时，请在名称开头添加两个空格，如图8-3所示。

OneDrive for Business

旧文件夹名称	新文件夹名称
SkyDrivePro1 (ErrorConflict)	< space > < space > SkyDrivePro1 (ErrorConflict)
SkyDrivePro2 (SyncInProgress)	< space > < space > SkyDrivePro2 (SyncInProgress)
SkyDrivePro3 (InSync)	< space > < space > SkyDrivePro3 (InSync)

OneDrive

旧文件夹名称	新文件夹名称
OneDrive1	< 空格键 > OneDrive1
OneDrive2	< 空格键 > OneDrive2
OneDrive3	< 空格键 > OneDrive3
OneDrive4	< 空格键 > OneDrive4
OneDrive5	< 空格键 > OneDrive5
OneDrive6	< 空格键 > OneDrive6

图 8-3

8.2 SharePoint 管理员限制用户对个人属性的修改

企业的SharePoint管理员在管理用户的时候,会通过Microsoft 365管理中心为用户设置一些用户属性,如工作邮件地址、联系电话,以及部门和职务,这些信息都是管理员不希望用户去私自修改的,可以通过SharePoint管理中心对这些属性进行限制。

排错步骤/解决方法

(1) 登录Microsoft 365管理中心,并选择SharePoint管理中心,如图8-4所示。

图 8-4

(2) 打开SharePoint管理中心,选择"用户配置文件",在右侧页面的"人员"区域中,找到"管理用户属性",如图8-5所示。

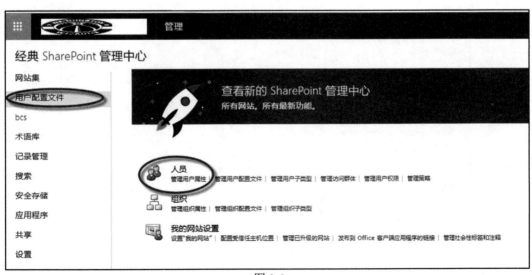

图 8-5

（3）在打开的页面中找到想要限制的用户属性，例如单位电话，如图8-6所示。

图 8-6

（4）选择"单位电话"进行编辑，并取消选择"允许用户编辑此属性的值"，这样用户就不能编辑这个属性了，如图8-7所示。

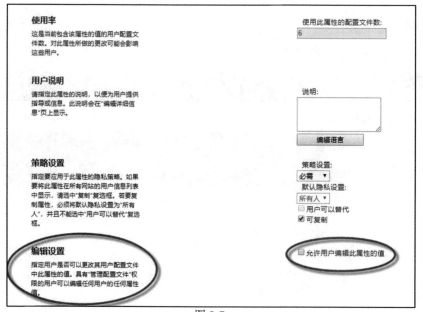

图 8-7

8.3　SharePoint 列表中常用公式的示例方法

在SharePoint列表或SharePoint库的计算列中使用公式有助于添加到现有列，例如按价格计算增值税，可以以编程方式验证数据。

我们就以在SharePoint调查中获取用户填写调查的时间为例，创建一个计算列，并将它添加到我们的调查列表中。

排错步骤/解决方法

（1）登录SharePoint网站内容目录，创建一个新的SharePoint调查，并创建一个新的栏目，叫作Time calculation。设置答案类型为文本类型，默认值为"已计算值"，如图8-8所示。

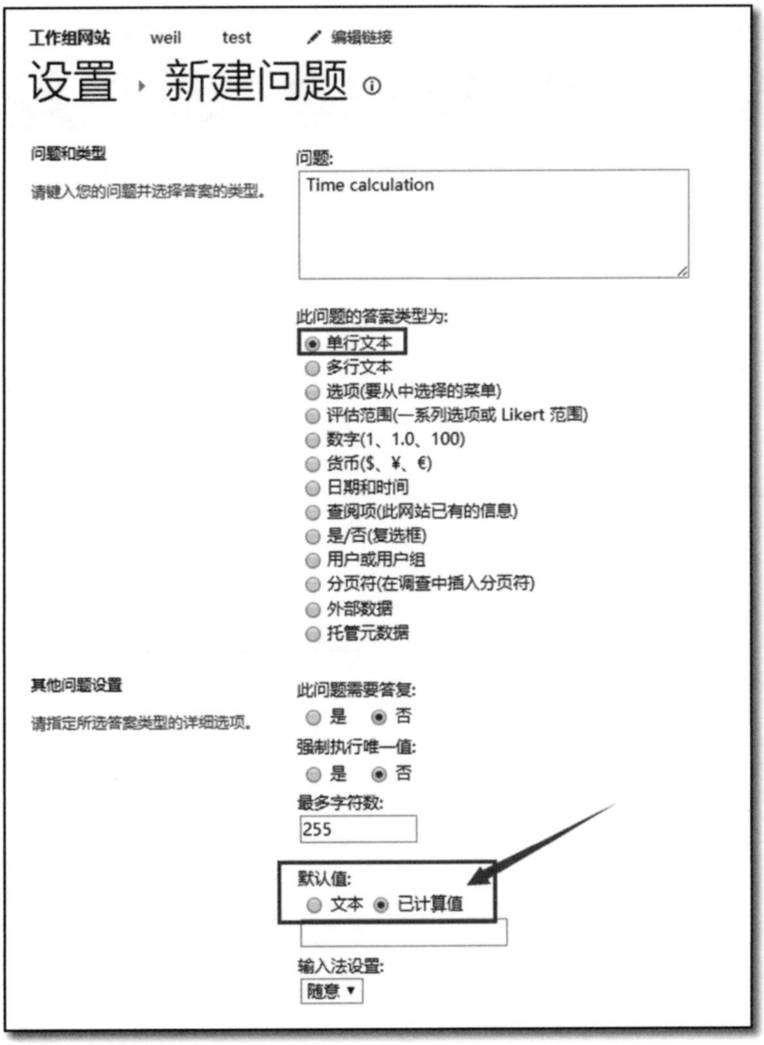

图 8-8

（2）根据官方提供的公式，我们可以计算当前的值。计算当前时间的公式为：=Text(NOW(),"mm-dd-yyyy hh:mm:ss")，由于Now()函数取得的时间是东11区的时间（UTC/GMT+11:00），如果转换成北京时间的话，需要转换时区，加上0.125（3/24H）。所以获取北京时间的公式为：=Text(NOW()+0.125,"mm-dd-yyyy hh:mm:ss")。

8.4 如何把 Office 文档嵌入 SharePoint 首页

很多时候我们需要将一些重要的Office文件比如Word、Excel等嵌入到SharePoint站点首页，方便我们的用户进行访问或者查看。今天我们就通过实例来演示如何实现这一需求。

我们以展示一个Word文档为例，打开一个SharePoint站点，并上传我们的测试文档至文档库，如图8-9所示。

图 8-9

嵌入文档，如图8-10所示。

第 8 章 经典案例集锦

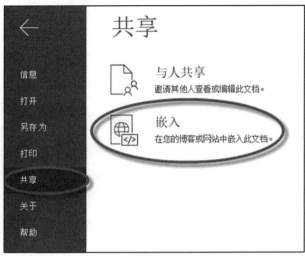

图 8-10

将其中的嵌入代码拷贝出来,如图8-11所示。

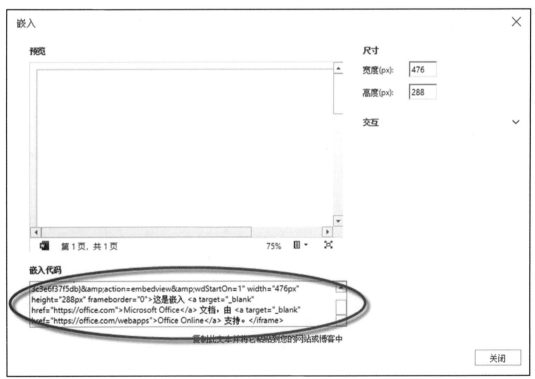

图 8-11

打开SharePoint站点首页,单击"编辑"按钮,如图8-12所示。

· 291 ·

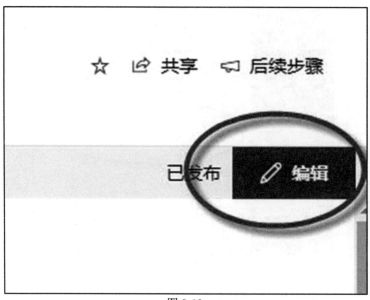

图 8-12

在页面上找到"嵌入代码"按钮,并将刚刚拷贝的代码嵌入其中,如图8-13和图8-14所示。

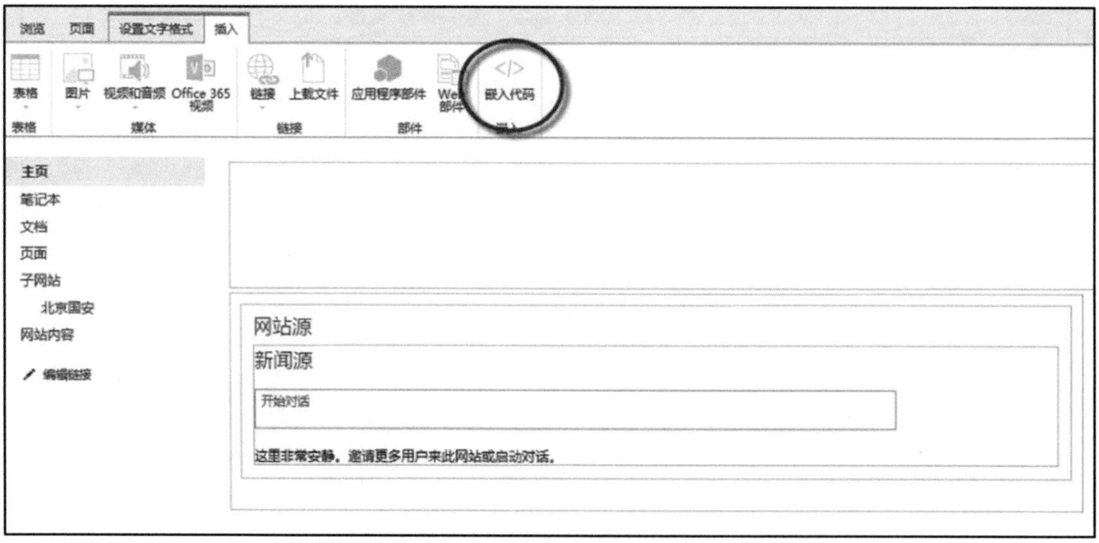

图 8-13

图 8-14

单击右上角的"保存"按钮,如图8-15所示。

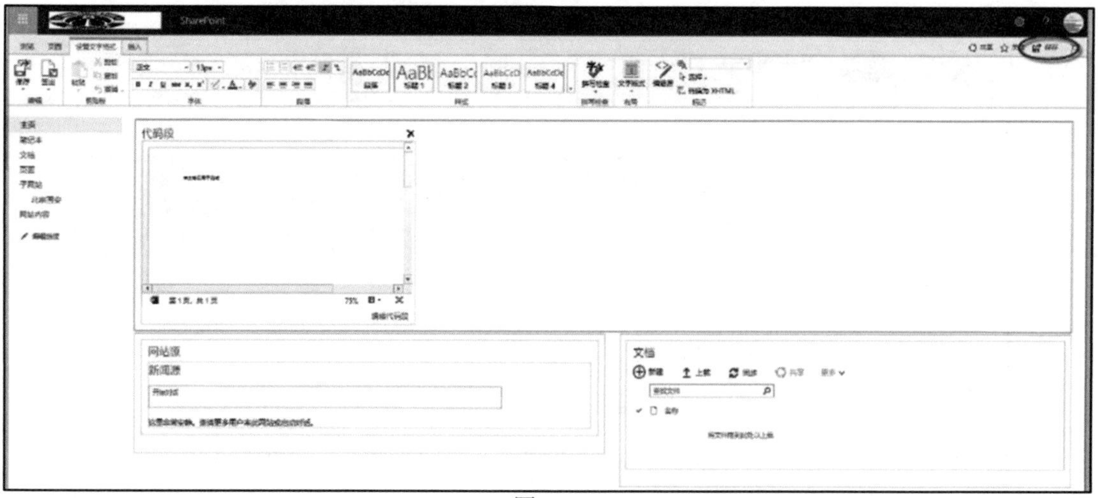

图 8-15

这样我们就完成了首页文档的嵌入,如图8-16所示。

图 8-16

8.5 删除用户后，OneDrive 会向上级领导发送邮件，如何禁止

我们是无法修改此部分设置的。鉴于此，我们可以在删除用户之前，先把用户配置文件的经理这一栏删除，这样他的经理就不会收到邮件了。操作方法如下。

登录SharePoint管理中心，选择"用户配置文件"，在右侧页面依次操作，如图8-17、图8-18和图8-19所示。

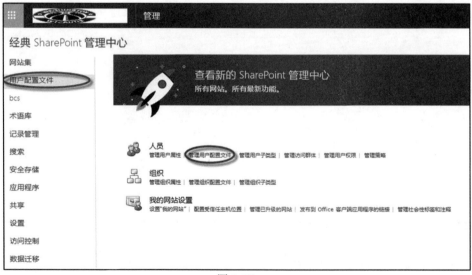

图 8-17

图 8-18

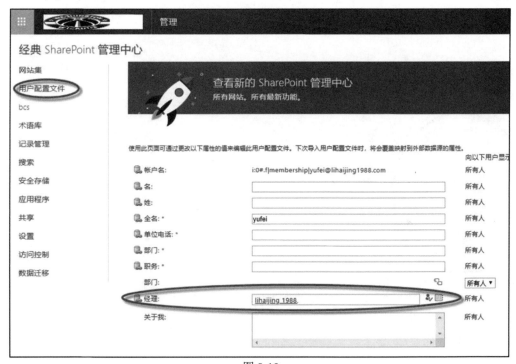

图 8-19

当用户被删除之后，OneDrive就不会向其发送邮件了。

8.6 如何为 SharePoint 文档库设置主要筛选器

当文档库的内容越来越多时，我们可以设置主要筛选器，这样就方便查阅某人在特定时间段上传的所有文档了，如图8-20所示。

图 8-20

排错步骤/解决方法

（1）进入SharePoint站点。

（2）打开齿轮状的设置下拉菜单，选择"网站设置"。

（3）在"网站操作"区域中选择"管理网站功能"，如图8-21所示。

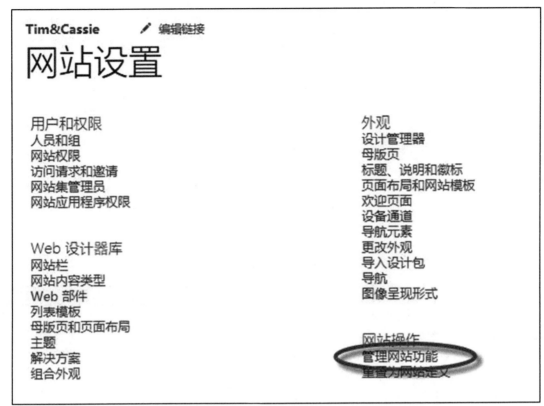

图 8-21

（4）确保"元数据导航和筛选"功能是开启的，如果没有开启，请单击后面的激活按钮，进行该功能的开启，如图8-22所示。

图 8-22

（5）进入到SharePoint文档库。

（6）单击左下角的"返回到经典SharePoint"，以确保它是经典显示界面，如图8-23所示。

图 8-23

（7）单击左上角的"库"|"库设置"，进入到库设置页面，如图8-24所示。

图 8-24

（8）单击页面"视图"区域下面的"所有文档"，如图8-25所示。

图 8-25

（9）确保选择"创建者"和"创建时间"，然后单击页面底部的"确定"按钮，如图8-26所示。

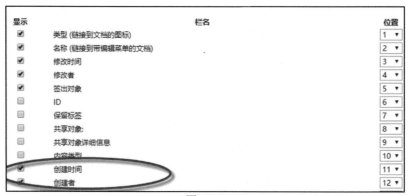

图 8-26

（10）回到"库设置"界面，单击"常规设置"区域中的"元数据导航设置"，如图8-27所示。

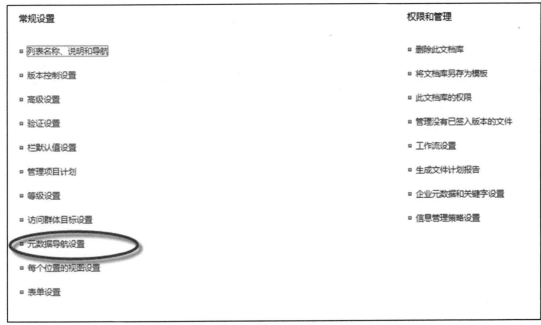

图 8-27

（11）在"配置主要筛选器"区域中添加"创建者"和"创建时间"，然后单击页面底部的"确定"按钮，如图8-28所示。

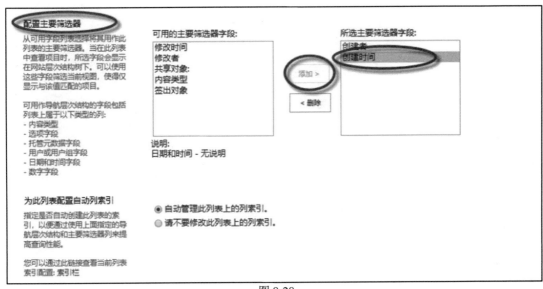

图 8-28

（12）返回到文档库，即可在左下角看到"主要筛选器"了，如图8-29所示。

图 8-29

（13）测试筛选效果如图8-30所示。

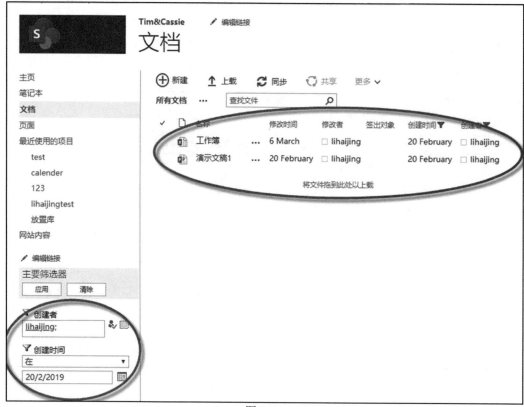

图 8-30

注意：

（1）也可以为列表设置主要筛选器，设置方法和文档库相同。

（2）主要筛选器目前只支持在文档库或者列表的经典界面显示，不支持在新体验界面显示。

8.7 如何设置 SharePoint 文件夹/文件外部共享

SharePoint文件夹/文件给特定用户共享（非Windows Live ID），包括QQ、163和国际版Microsoft 365用户。

排错步骤/解决方法

（1）全局管理员登录SharePoint管理中心。

（2）在页面左侧选择"共享"。

（3）如果只希望共享给外部用户，需要外部用户登录，而不希望设置匿名链接，请选择"新来宾和现有来宾"，如图8-31所示。

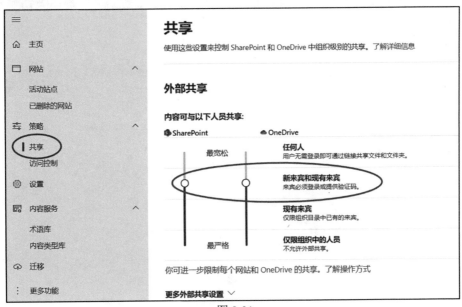

图 8-31

（4）返回SharePoint管理中心的活动站点页面，选择您要共享的网站集，然后单击上面的"共享"按钮，在弹出的窗口中确保选择的是第二项："新的和现有来宾"，如果不是的话，请选择该项，然后保存，如图8-32所示。

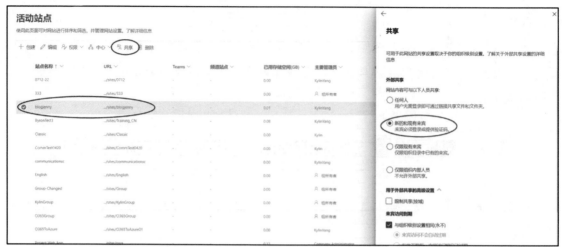

图 8-32

（5）进入到该SharePoint网站集的文档库，选中要共享的文档，单击上面的"共享"图标，在打开的下拉菜单中选择"特定用户"，如果让对方编辑的话，选择"允许编辑"，然后单击"应用"按钮，如图8-33所示。

图 8-33

（6）输入您的第三方邮箱，然后单击"发送"按钮，如图8-34所示。

第 8 章　经典案例集锦

图 8-34

（7）外部邮箱收到了此封邮件邀请，如图8-35所示。

图 8-35

（8）单击里面的超链接会提示您发送验证码，如图8-36所示。

图 8-36

(9) 输入验证码,如图8-37所示。

图 8-37

(10) 这样就可以打开文档了,如图8-38所示。

图 8-38

8.8　SharePoint 如何添加术语库至列表或库

很多企业在列表或者库中需要添加术语库来进行归类。我们可以参考如下方法实现。

排错步骤/解决方法

（1）登录SharePoint管理中心，选择"术语库"，并选择具体的分类术语库。如图8-39所示。

图 8-39

（2）创建新的术语集，如test01，如图8-40所示。

图 8-40　添加术语集

（3）创建test01术语集下面的术语，如图8-41所示。

图 8-41 添加术语

（4）在SharePoint站点上创建对应的术语栏，类型为托管元数据，如图8-42所示。

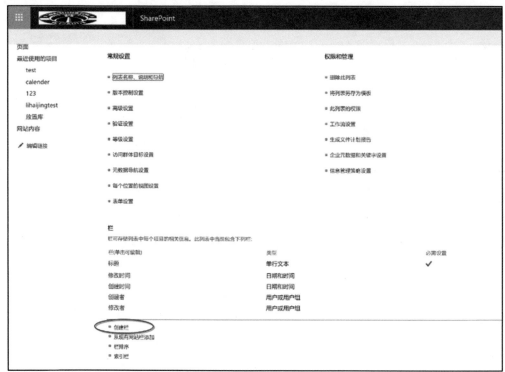

图 8-42 创建栏

（5）在列表或者库中添加术语集的标签即可，如图8-43所示。

图 8-43　添加术语集

8.9　在 SharePoint 中调整自定义列表的视图显示顺序

SharePoint中新建自定义列表，依次添加了单价、数量、开始时间和结束时间的栏目。每次列表中添加新项目都是按照当初创建的栏目的顺序显示的，现在想在添加新项目时，开始时间和结束时间的栏目能够提前到单价、数量栏目之前。仅仅更改列表视图顺序是不会影响添加新项目的顺序的，这只能使得提交之后的项目按照更改视图的顺序显示，如图8-44所示。

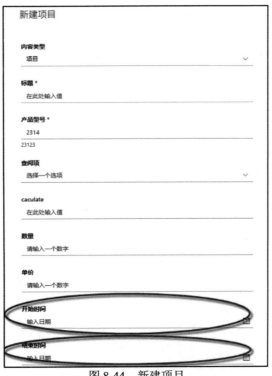

图 8-44　新建项目

排错步骤/解决方法

（1）管理员进入到列表设置。

（2）单击"常规设置"区域下的"高级设置"。

（3）在"内容类型"区域中将"是否允许管理内容类型"，从"否"改成"是"，然后单击页面底部的"确定"按钮，如图8-45所示。

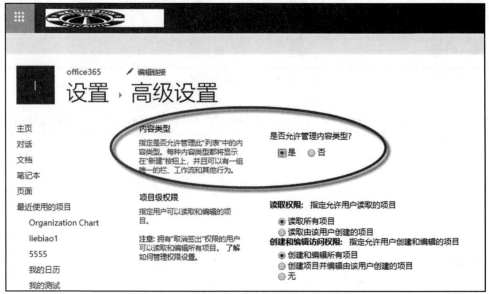

图 8-45　高级设置

（4）在列表设置的中间部位，会多出来一个"内容类型"区域，选择其中的"项目"，如图8-46所示。

图 8-46　内容类型

（5）选择底部的"栏顺序"，如图8-47所示。

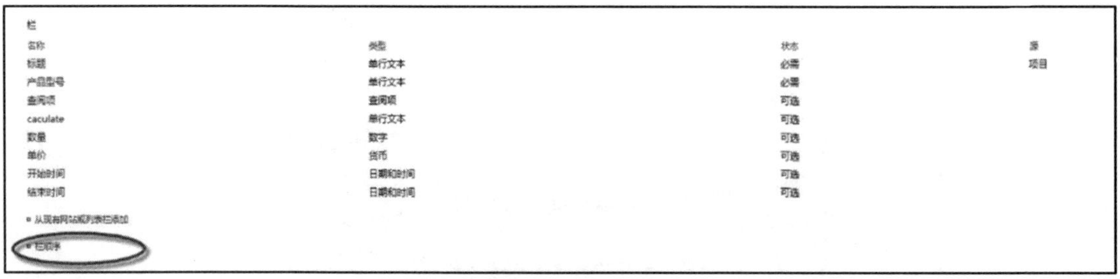

图 8-47　栏顺序

(6)把后面栏目的顺序提前(直接在位置处更改序号),然后单击右下角的"确定"按钮,如图8-48所示。

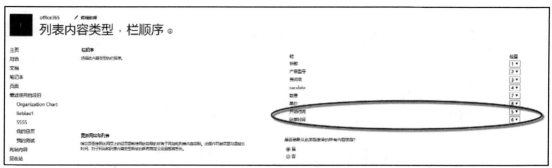

图8-48　改变栏顺序编号

(7)我们重新在列表中新建项目,顺序已经调整过来了,如图8-49所示。

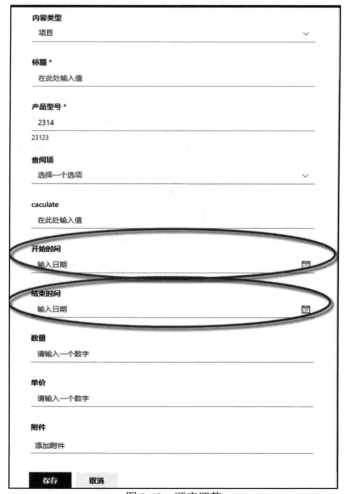

图8-49　顺序调整

8.10 在网站设置中开启站点的关闭与删除

在网站设置中,站点关闭和删除中的"立即关闭此网站"按钮不可用,如图8-50所示。

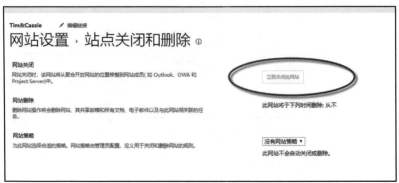

图 8-50 站点关闭和删除设置

排错步骤/解决方法

(1) 准备创建一个网站策略并且应用到站点上。

(2) 选择站点的"网站设置"|"网站策略"|"创建",如图8-51、图8-52和图8-53所示。

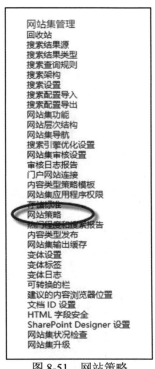

图 8-51 网站策略

图 8-52 网站策略

图 8-53

(3)在"站点关闭与删除"页面的"网站策略"区域选择刚刚新建的网站策略,如图8-54所示。

图 8-54

(4)确认并返回站点关闭和删除的页面,即可发现"立刻关闭此网站"按钮可用,如图8-55所示。

图 8-55

8.11 如何在 OneDrive 中清除缓存和注册表信息

排错步骤/解决方法

（1）先尝试重置OneDrive看看是否可行，在"Run运行"窗口输入%localappdata%\Microsoft\OneDrive\OneDrive.exe /reset，如图8-56所示。

图 8-56

（2）在控制面板，卸载OneDrive，打开%localappdata%\Microsoft\OneDrive，删除路径下的所有文件，如图8-57所示。

第 8 章 经典案例集锦

图 8-57

（3）打开注册表，找到[HKEY_CURRENT_USER\SOFTWARE\Microsoft\OneDrive]，先备份再将其删除，如图8-58所示。

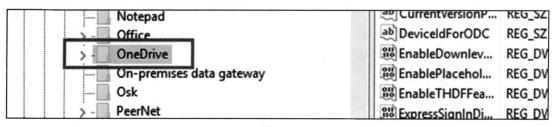

图 8-58

8.12 私人网站集、团队网站共享设置

SharePoint网站集包括工作组网站、团队网站及私人网站集。我们一般在SharePoint管理中心开启外部共享设置后，工作组网站和OneDrive站点的共享设置会相应更改。

排错步骤/解决方法

（1）团队网站的共享设置和SharePoint管理中心的共享设置关系，如表8-1所示。

表 8-1

SharePoint 管理中心共享设置	团队网站外部共享设置
不允许组织外部的共享	此网站不能与外部用户共享
允许仅与已存在于您组织目录中的外部用户共享	仅可与登录的现有外部用户共享
允许用户邀请经过身份验证的外部用户并与他们共享	此站点可以与登录的新的和现有外部用户共享
允许与已经过身份验证的外部用户共享并允许使用匿名访问链接	此站点可以与登录的新的和现有外部用户共享（此时，管理员可以手动把此设置更改为"任何人"，即开启匿名共享）

（2）团队网站的共享设置界面可以在新版SharePoint管理中心修改，如图8-59所示。

图 8-59

（3）网站共享选项，如图8-60所示。

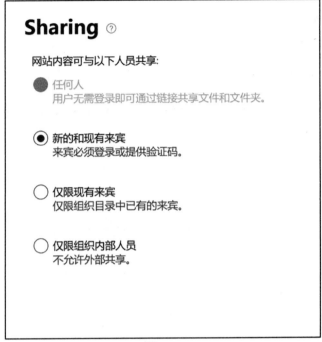

图 8-60

（4）私人网站集中的共享默认设置是"不允许组织外部的共享"，与SharePoint管理中心的设置没有必然联系，如图8-61所示。

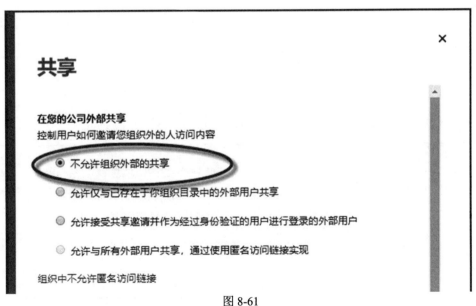

图 8-61

（5）我们也可以进一步设置共享的默认链接类型，如图8-62所示。

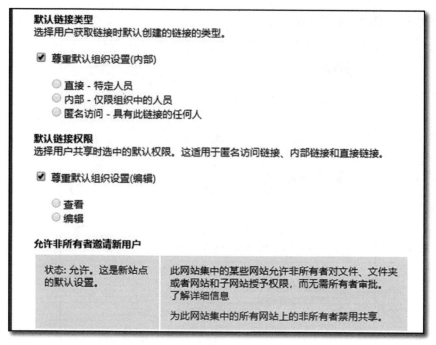

图 8-62

8.13 如何恢复 SharePoint Online 文档库中文件的早期版本

如果不小心把文档内容编辑错了，想要恢复SharePoint Online文档库中文件的早期版本，则首先要开启版本控制，否则，无法恢复。

排错步骤/解决方法

（1）进入到SharePoint文档库。

（2）单击上面的"库"，然后单击"库设置"，如图8-63所示。

图 8-63

（3）在"常规设置"下，选择"版本控制设置"，如图8-64所示。

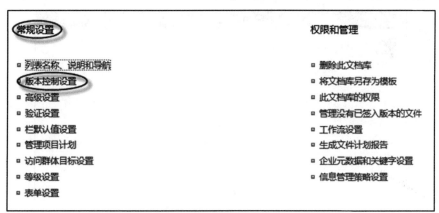

图 8-64

（4）在文档版本历史记录处，选择创建主要版本，在"保留以下数量的主要版本"处，填写您要保留的版本个数，也可以不选择该项，然后单击页面底部的"确定"按钮，如图8-65所示。

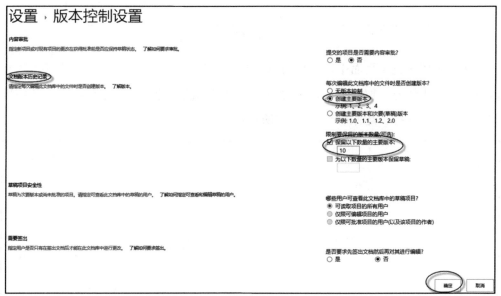

图 8-65

如果想要恢复之前版本的话，请参考如下步骤。

（1）进入到SharePoint文档库。

（2）找到要恢复的文档，单击右侧的省略号，在弹出的窗口中继续单击省略号，在打开的下拉菜单中选择"版本历史记录"，如图8-66所示。

图 8-66

（3）在版本历史记录页面中，我们可以看到当天保存了多少个版本，每个版本的修改时间、修改者和大小情况。把鼠标放在历史版本修改时间的后边，单击出现的倒三角图标，在打开的下拉菜单中选择"还原"，如图8-67所示。

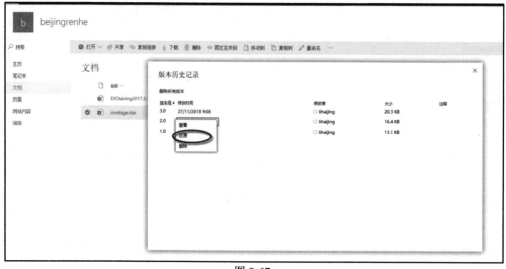

图 8-67

（4）弹出提示窗口：您将用所选版本替换当前版本。单击"OK"按钮，如图8-68所示。

图 8-68

（5）这个操作会将历史版本还原成一个新的版本号，文档内容也就随之变成之前那个历史版本的内容了，如图8-69所示。

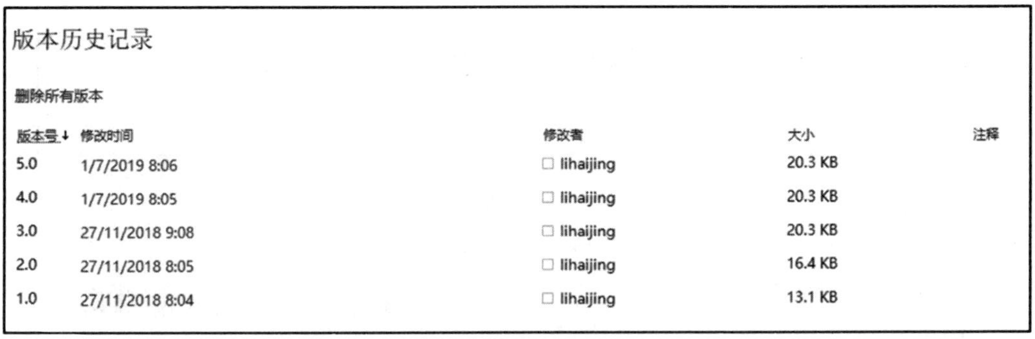

版本号↓	修改时间	修改者	大小	注释
5.0	1/7/2019 8:06	lihaijing	20.3 KB	
4.0	1/7/2019 8:05	lihaijing	20.3 KB	
3.0	27/11/2018 9:08	lihaijing	20.3 KB	
2.0	27/11/2018 8:05	lihaijing	16.4 KB	
1.0	27/11/2018 8:04	lihaijing	13.1 KB	

图 8-69

8.14 如何更改 SharePoint 网站集的母版页

排错步骤/解决方法

（1）如果在网站设置页面上没有母版页选项的话，需要开启网站集和网站的发布功能，或者添加/_layouts/15/ChangeSiteMasterPage.aspx在网站集后边，如图8-70所示。

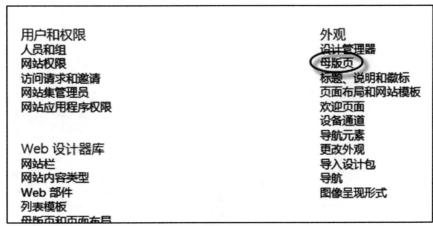

图 8-70

(2) 网站集功能。

将"SharePoint Server发布基础架构"发布功能设置为"活动",如图8-71所示。

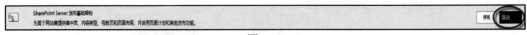

图 8-71

(3) 在网站中更改母版页设置的方法,如图8-72所示。

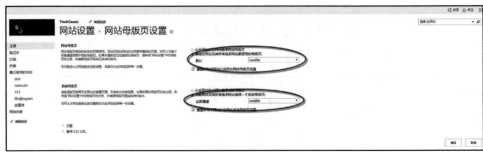

图 8-72

(4) 在SharePoint Designer中更改母版页的方法,如图8-73所示。

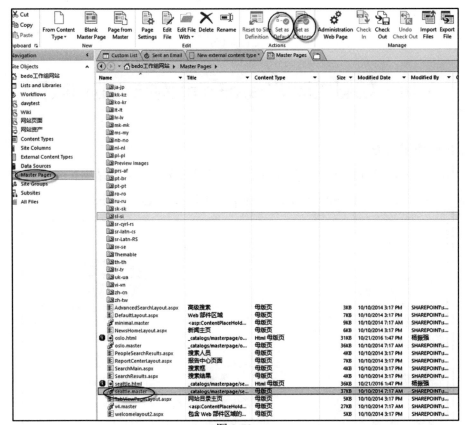

图 8-73

注意：

（1）网站集"发布"功能。

（2）网站"发布"功能。

如果（1）、（2）都开启，可以看到"外观"下的"导航"和"母版页"，看不到"网站操作"下的"将网站另存为模板"。

如果（1）、（2）都关闭，可以看到"网站操作"下的"将网站另存为模板"，看不到"外观"下的"导航"和"母版页"。

如果（1）开启、（2）关闭，可以看到"外观"下的"导航"，不可以看到"外观"下的"母版页"和"网站操作"下的"将网站另存为模板"。

第 9 章　PowerShell 命令和 Graph API 介绍

微软提供了多种不同的途径来管理和设置SharePoint Online，其中应用得比较多的两种方式是PowerShell命令和Microsoft 365 Graph API。本章将详述这两种方式的具体功能及实现方法。

9.1　常用的 PowerShell 命令

9.1.1　默认 PowerShell 命令建立，到 SharePoint Online 的连接

Microsoft PowerShell是一种命令行界面和脚本语言，可为管理员提供对适用的应用程序编程接口（API）的完全访问权限。管理员可直接与SharePoint Server交互，以对Web应用程序、网站集、网站、列表等进行操作。此外，管理员可以编写cmdlet（读作"command-let"）脚本。

SharePoint Online命令行管理程序是一种Windows PowerShell模块，可用于管理SharePoint Online用户、网站和网站集。Windows PowerShell中的命令行操作由一系列命令组成。每个命令使用一个cmdlet和一组称为"参数"的设置。例如，将get-sposite cmdlet用于创建新的SharePoint Online网站集的命令，其中包含指定的标题、URL、所有者、存储配额和模板（这些参数）。

环境要求如下。

（1）操作系统要求Windows 7版本以上的客户端或Windows Server 2008版本以上的服务器端。

（2）PowerShell的执行策略应由默认的Restricted更改为Remotesigned。

命令Get-ExecutionPoliocy可用于检查客户端当前的PowerShell执行策略。如果PowerShell的执行策略不对，到SharePoint Online的连接将无法建立，可以管理员身份在PowerShell环境下运行Set-ExecutionPolicy RemoteSigned命令调整，如图9-1和图9-2所示。

第 9 章　PowerShell 命令和 Graph API 介绍

图 9-1

```
PS C:\Windows\system32> Get-ExecutionPolicy
Restricted

PS C:\Windows\system32> set-ExecutionPolicy   RemoteSigned

PS C:\Windows\system32> get-ExecutionPolicy
RemoteSigned
```

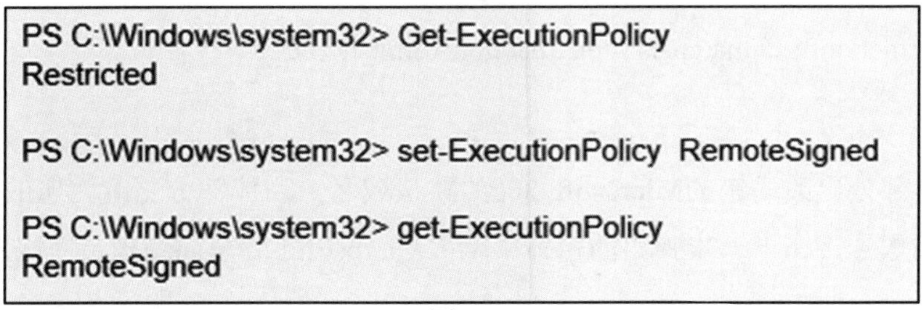

图 9-2

（3）运行以下命令行并输入 Microsoft 365 管理员凭据。

Connect-SPOService-Url　https://<您的租户名称>-admin.SharePoint.cn-Credential　admin@<您的租户名称>.partner.onmschina.cn

解释：

灰色阴影部分更改为您的 Microsoft 365 的默认域名，粗体部分更改为您的 Microsoft 365 全局管理员的账号，在下一步弹出的窗口中输入 Microsoft 365 全局管理员密码即可登录，如图 9-3 所示。

图 9-3

9.1.2 如何添加一个管理员到一个 SharePoint Online 站点

对于一个OneDrive站点来讲（与SharePoint站点方法相同），如果您想要管理员直接替换某个用户的OneDrive站点管理员（网站集主要管理员），可以使用以下命令：

Set-SPOSite-Identity https://<您的租户名称>-my.SharePoint.cn-Owner admin@<您的租户名称>.partner.onmschina.cn

如果您想要管理员作为第二级网站集管理员，而不替换到用户自身的管理员权限，您用以下命令：

Set-SPOSite-Identity https://<您的租户名称>-my.SharePoint.cn-LoginName admin@<您的租户名称>.partner.onmschina.cn-IsSiteCollectionAdmin $true

解释：

灰色阴影部分更改为您的Microsoft 365的默认域名，粗体部分更改为您的Microsoft 365全局管理员的账号，在下一步弹出的窗口中输入Microsoft 365全局管理员密码即可。

9.1.3 如何添加一个用户到一个 SharePoint Online 组

我们可以使用如下命令将一个用户添加到SharePoint组中，参考如下。

Add-SPOUser -Group "工作组网站 成员"

-LoginName admin@<您的租户名称>.partner.onmschina.cn

-Site https://<您的租户名称>-my.SharePoint.cn

解释：

（1）命令中灰色阴影粗体部分替换成您的SharePoint组名，粗体部分替换成您想要添加的用户，灰色阴影部分替换成您的SharePoint Online网站集地址。

（2）SharePoint组名可以是中文的，也可以是英文的，在PowerShell中都是可以使用并生效的。

当组名中有空格的时候，一定要用引号引起，组名中间没有空格的，可以不使用引号。

（3）SharePoint组名使用单引号或双引号引起均可。

（4）SharePoint组名使用中文引号或英文引号引起均可，建议英文引号（实测，中文引号也可以，PowerShell是4.0，如果中文引号不可以，可能是PowerShell版本较低，请使用英文引号）。

9.1.4 如何升级 OneDrive 空间从 1TB 到 5TB

作为Microsoft 365 中的SharePoint管理员，可以使用Microsoft PowerShell为特定用户设置OneDrive存储空间。根据您的订阅的不同，可以将您的空间扩容至5TB。

可以使用如下命令对整个租户进行扩容：

Set-SPOTenant-OneDriveStorageQuota 5242880

对于单个用户，可以使用如下命令进行扩容：

Set-SPOSite-identity<User's OneDrive Site>-StorageQuota 5242880

解释：

<User's OneDrive Site>是指用户的OneDrive站点地址，可以在Microsoft 365管理中心的活动用户中找到整个链接，如图9-4所示。

图 9-4

9.1.5 如何限制 OneDrive 同步文件的类型

SharePoint管理员可以限制用户OneDrive客户端同步的文件类型，例如不允许上传exe（可执行文件）类型的文件，我们可以使用如下命令来实现。

Set-SPOTenantSyncClientRestriction-ExcludedFileExtensions "exe"

解释：

此示例使用新的同步客户端（OneDrive.exe）阻止exe（可执行文件）文件类型的同步。使用Set-SPOTenantSyncClientRestriction命令可用于启用租赁的功能，并设置在安全收件人列表中域的GUID。启用此功能后，更改最多可能需要24小时才能生效。

9.1.6 如何还原 Microsoft 365 团队网站

在误删除Microsoft 365团队站点之后，我们可以使用如下命令进行恢复。

Get-SPODeletedSite –Identity <URL> |FL

Restore-SPODeletedSite -Identity https://<您的租户名称>.SharePoint.cn/site/name

解释：

（1）首先可以用Get-SPODeleteSite命令查询，可以查到被删除的站点。

（2）接下来，我们用Get-SPODeletedSite -Identity <URL> |FL去查看它的详细信息，比如删除时间等。

（3）然后，我们用Restore-SPODeletedSite命令还原该站点，灰色阴影部分替换为站点的信息。

（4）还原之后，就可以看到这个站点了。

9.1.7 支持同步 OneDrive 文件中含有#或者%

在OneDrive的同步过程中，有的时候需要使用一些特殊的符号，比如"#""%"等。我们可以使用如下命令启用这些特殊字符。

Set-SPOTenant -SpecialCharactersStateInFileFolderNames allowed

Get-SPOTenant

解释：

（1）输入Get-SPOTenant后，参数SpecialCharactersStateInFileFolderNames的值应显示为允许。

（2）几个小时后，此设置将对整个租户生效，名称包含"＃"或"％"的OneDrive文件都可以上传。

9.1.8 如何批量添加一个管理员到所有用户的 OneDrive 站点

SharePoint的管理员需要查看所有用户的OneDrive站点，需要使用如下命令。

foreach($Microsoft 365 Username in(Get-SPOUser -Limit All -Site https://<您的租户名称>-my.SharePoint.cn).LoginName)

{if($Microsoft 365 Username.Contains('@')){$SiteURL="https://<您的租户名称>-my.SharePoint.cn/

personal/$($($Microsoft 365 Username).Replace('@'，'_').Replace('.'，'_'))"; write-host

$Microsoft 365 Username -ForegroundColor Green; write-host $SiteURL -ForegroundColor Cyan; Set-SPOUser -Site $SiteURL -LoginName admin@<您的租户名称>.partner.onmschina.cn -IsSiteCollectionAdmin $true }}

解释：

要修改成您的Microsoft 365的默认域名，和您想要变更的管理员账号。

9.1.9 如何使用 SharePoint PnP 命令恢复用户删除的文件

SharePoint模式和实践（PnP）包含一个PowerShell命令库（PnP PowerShell），允许您对SharePoint执行复杂的配置和工件管理操作。这些命令使用CSOM（客户端对象模型），可以通过客户端对SharePoint Online进行管理。

比如在SharePoint Online站点的回收站中有文件无法恢复，或恢复速度非常慢，可以通过如下命令恢复。

Install-Module SharePointPnPPowerShellOnline

Connect-PnPOnline –Url https://xxxx.SharePoint.cn/sites/xxx -Credentials（Get-credential)

Get-PnPRecycleBinItem | ? DirName -like "sites/xxx/*" | Restore-PnpRecycleBinItem -force

Get-PnPRecycleBinItem | ? DeleteByName -eq "xxxxx" | Restore-PnpRecycleBinItem -force

解释：

（1）安装PnP模块。
（2）输入您的网站管理员的用户名和密码，灰色阴影部分更改为您要连接的网站。
（3）输入您的子网站或要恢复的文件目录。
（4）如运行第3步，发现回收站中还有剩余的文件没有恢复，此时运行此命令进行筛选，用于恢复某个用户删除的文件。

9.1.10 如何使用 PnP 查询网站集下的所有子网站

在某些情况下，SharePoint管理员需要查询网站集的子网站，可以通过如下命令来实现。

Install-Module SharePointPnPPowerShellOnline

Connect-PnPOnline -Url 错误!超链接引用无效。

-Credentials $cred

Get-PnPSubWebs

解释：

（1）安装PnP模块。

（2）输入您的网站管理员的用户名和密码，灰色阴影部分更改为您的网址链接。

（3）获取子网站目录。

9.2 Graph API 介绍

9.2.1 Microsoft Graph 介绍

Microsoft Graph是Microsoft 365中通往数据和商业智能的网关。它提供统一的可编程模型，可用于访问Microsoft 365、Windows 10和处于企业移动性+安全性服务中的海量数据。利用Microsoft Graph中的大量数据针对与数百万名用户交互的组织和客户构建应用。

Microsoft Graph公开了REST API和客户端库，它们可访问以下Microsoft 365服务上的数据，如图9-5所示。

（1）Microsoft 365 服务：Delve、Excel、Microsoft Bookings、Microsoft Teams、OneDrive、OneNote、Outlook/Exchange、Planner和SharePoint。

（2）企业移动性+安全性服务：高级威胁分析、高级威胁防护、Azure Active Directory、Identity Manager和Intune。

（3）Windows 10 服务：活动、设备和通知。

（4）Dynamics 365 Business Central。

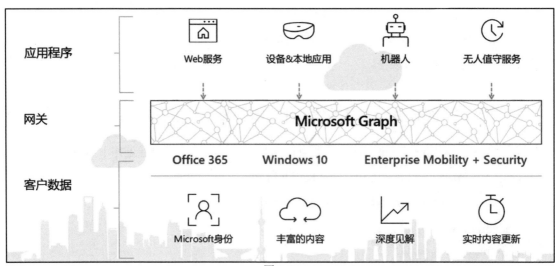

图 9-5

使用Microsoft Graph围绕用户的唯一上下文构建体验，帮助用户提高工作效率。假设有个应用可以帮您实现如下功能：

（1）查看您的下一场会议，提供与会者职务和所属经理，经理正在处理的最新文档相关信息，以及正在与之协作的人员等与会者资料信息，帮助您为该会议做好准备。

（2）扫描您的日历，并为下一次团队会议提出最佳时间建议。

（3）从OneDrive中的Excel文件获取最新销售预测图表，让您可以实时更新趋势预测，这一切通过手机就可以实现。

（4）订阅日历更改、当您在会议上花费太长时间时发出警报，还可以根据与会者和您的相关度，为可能错过或委派的会议提供建议。

（5）帮助您整理手机上的个人和工作信息；例如，对应当归到个人OneDrive的照片和应当归到OneDrive for Business的业务收据进行分类。

（6）分析大量Microsoft 365 数据，让决策者们能将宝贵的见解转化成能提升业务生产力的时间分配和协作模式中。

（7）将自定义业务数据引入到Microsoft Graph，编制相关索引，使其可与来自Microsoft 365服务的数据一起供用户搜索。

所有的应用场景如图9-6所示。

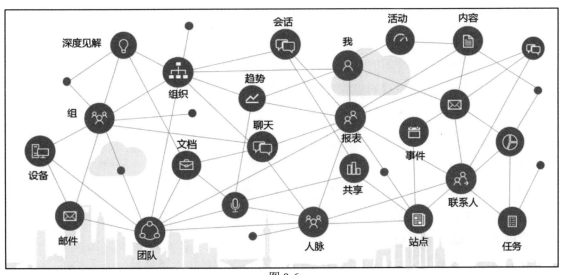

图 9-6

9.2.2　Microsoft Graph API 的使用

Microsoft Graph的核心是用户和组的概念。Microsoft Graph中的用户是数以百万计使用Microsoft 365 云服务的用户之一。它是身份受到保护且访问得到妥善管理的焦点。用户数据是业务发展的驱动力。Microsoft Graph服务可将这些数据提供给企业，在丰富的环境中、实时更新和深度见解中，并且始终仅在适当的权限下使用这些数据。

您可使用Microsoft Graph访问与登录用户上下文相关的关系、文档、联系人和首选项。用户资源提供了无须执行其他调用即可访问和操作用户资源的简单方法，可查找特定的身份验证信息，并直接对其他Microsoft Graph资源发出查询。

若要访问用户的信息和数据，您需要以用户身份进行访问。验证应用程序并获得管理员同意，即可使用和更新与用户关联的更广泛的实体。

管理组织

在组织中创建新用户或更新现有用户的资源和关系。可使用Microsoft Graph执行以下用户管理任务：

（1）创建或删除Azure AD组织中的用户。

（2）列出用户的组成员资格并确定用户是否为组的成员。

（3）列出向某用户报告的用户和向某用户分配经理。

（4）上传或检索用户的照片。

使用日历和任务

可查看、查询和更新与某用户关联的用户日历和日历组，包括：

（1）在用户日历上列出和创建事件。

（2）查看分配给用户的任务。

（3）为一组用户查找空闲的会议时间。

（4）获取用户日历上设置的提醒列表。

管理邮件和处理联系人

可配置用户邮件设置和联系人列表，并代表用户发送邮件，包括：

（1）列出邮件消息和发送新邮件。

（2）创建和列出用户联系人，并组织文件夹中的联系人。

（3）检索并更新邮箱文件夹和设置。

利用用户见解丰富应用

（1）通过推广最近使用的文档或热门文档，最大限度地提高应用程序的关联性。

（2）返回用户最近查看和修改的文档。

（3）返回有关用户活动的文档和网站。

（4）列出通过电子邮件或OneDrive for Business与用户共享的文档。

可以使用Microsoft Graph API在整个协作生命周期中创建、管理或删除组。例如，可以使用创建组API预配一个新组。然后，该组可用于一系列应用程序，例如Outlook、SharePoint、

Microsoft Teams等。Microsoft Graph可跨这些连接的服务进行同步，以对所有组成员无缝提供访问权限，如图9-7所示。

我们可以通过Graph提供的相应的接口，来实现一些功能，如：查询个人的信息，查询我的邮件，发送一份邮件，查看我最近的日程安排，查看我的组成员，根据一些人的日程安排，安排一场会议，获取我的设备上的文件，获取我的OneNote的信息，对SharePoint做相关操作等；Graph是一套Restful的接口，他的所有接口都是通过标准的http方法（GET、POST、PUT、DELETE）可以访问到相关的数据，还可以通过添加相关的参数，对数据进行筛选、排序等操作。返回的数据以JSON的格式进行传输，这种特性决定了Microsoft Graph可以跨平台开发。任何能发送Http请求和解析JSON数据的开发语言都能调用Graph API。同时微软也提供了多种Simple Code和SDK。如：Angular（JS版本）、.Net MVC、iOS、php、Python、Ruby、Node.js等。

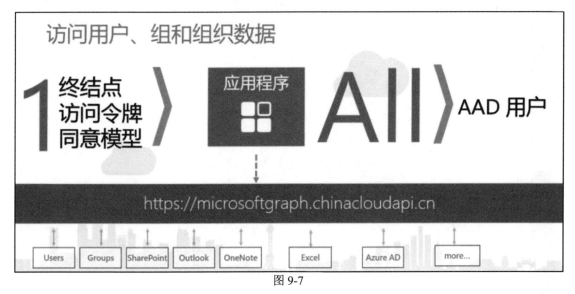

图 9-7

9.2.3　Microsoft Graph API 获取权限流程

Microsoft标识平台由Azure Active Directory（Azure AD）开发人员平台演变而来。开发人员可以通过它来生成应用程序，从而可以采用所有Microsoft标识登录，以及获取令牌来调用Microsoft Graph等Microsoft API或开发人员生成的API。

符合OAuth 2.0和OpenID Connect标准的身份验证服务，使开发人员能够对任何Microsoft标识进行身份验证，包括：

（1）工作或学校账户（通过Azure AD预配的）。

（2）个人Microsoft账户（例如Skype、Xbox和Outlook.com）。

（3）社交或本地账户（通过Azure AD B2C）。

（4）应用程序管理门户：Azure门户中内置的注册和配置体验，以及其他Azure管理功能。

（5）应用程序配置API和PowerShell：允许通过REST API（Microsoft Graph和Azure Active Directory Graph）和PowerShell以编程方式配置您的应用程序，以便可以自动执行DevOps任务。

创建应用程序和获取权限流程

（1）第一步需要使用您的Microsoft 365账号登录Azure管理中心 https://portal.azure.cn。

（2）单击左侧栏Azur Active Directory，然后依次单击App registrations、New application registration，如图9-8所示。

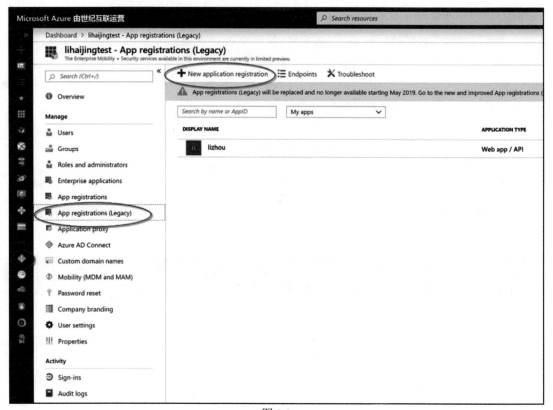

图 9-8

（3）弹出如下界面，类型请选择"Web app/API"，Sign-On URL可以填写"http://localhost"，如图9-9所示。

图 9-9

（4）创建后，我们可以看到应用的属性和信息，如图9-10和图9-11所示。

图 9-10

图 9-11

（5）创建完应用之后，需要设置一些属性。单击刚刚创建的应用，打开其设置框，如图 9-12 所示。

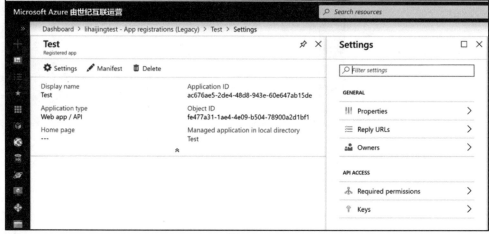

图 9-12

（6）设置 reply URLs。

Reply URLs 是授权时的回复地址，在授权时设置的 redirect_uri 需要与此地址保持一致。此处可以使用 localhost，授权的时候浏览器跳转到 localhost，如图 9-13 所示。

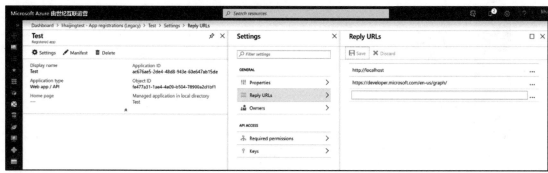

图 9-13

（7）应用的所有者。

如果是普通用户创建,此处会显示普通用户名,如果是管理员创建,此处显示'No results.'如果此管理员有Microsoft 365订阅,可直接使用,如果无订阅,需要给其指定一名有订阅的用户。建议指定一名普通用户作为所有者,如图9-14所示。

图 9-14

（8）设置application permissions。

我们需要给应用添加应用权限,此处应该添加的是Microsoft Graph权限,如图9-15和图9-16所示。

图 9-15

图 9-16

然后设置权限的细节,如图9-17所示。

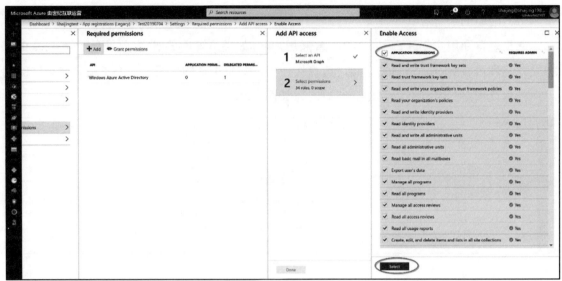

图 9-17

最后单击"Done"按钮，完成此设置，如图9-18所示。

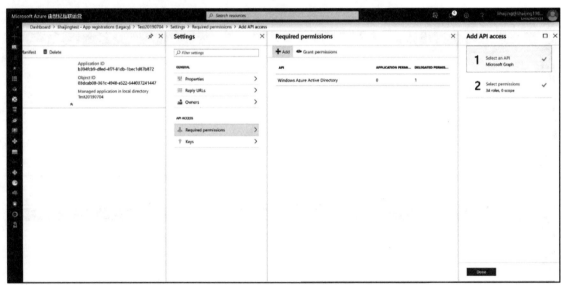

图 9-18

（9）设置密钥

这个是应用的密钥（Key），在验证应用的时候需要用到，设置方法如图9-19所示。

第 9 章　PowerShell 命令和 Graph API 介绍

图 9-19

我们需要把密钥（Key）保存下来，方便后续使用，如图9-20所示。

图 9-20

至此，应用的创建和属性的设置全部完成。

通过提交上述获取的参数，可以获取access token。

可以使用Postman通过以上参数获取access token，如图9-21所示。

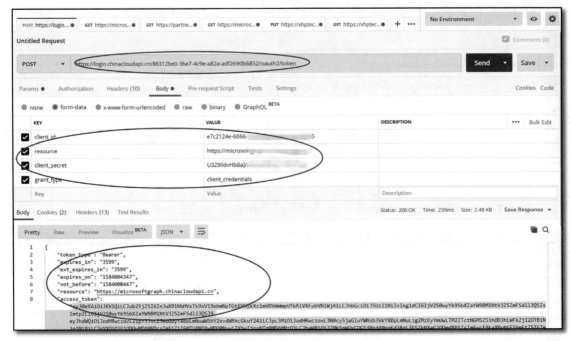

图 9-21

拿到了access token，基于刚刚创建的应用，就能拿到我们想要的数据了，如图9-22所示。

图 9-22